职业教育 BIM 软件应用技术系列教材

斯维尔 BIM 算量软件应用教程

主　编　欧阳焜　杜　鑫
副主编　冉　竞　袁　帅　高　适　张　兰
参　编　冯　梦　杨　勇　唐思贤　陈　聪
　　　　魏雪梅　李军梅　吴　磊　张　杰

U0280710

机 械 工 业 出 版 社

随着信息技术的高速发展，BIM（Building Information Modeling，建筑信息模型）技术正在引发建筑行业史无前例的变革。而工程造价作为承接 BIM 设计模型、向施工管理输出模型的中间关键阶段，起着至关重要的作用；BIM 技术的应用，颠覆了以往传统的造价模式，造价岗位将面临新的洗礼。造价人员必须逐渐转型，接受 BIM 技术，掌握新的 BIM 造价方法和能力。为培养 BIM 造价人才，本书以斯维尔 BIM 三维算量 2018 For CAD 软件为基础，通过实际工程案例的引入，详细介绍了其在 BIM 造价上的应用。

为方便教学，本书配套了完善的教学资源，包括电子教案、电子课件、CAD 图纸、微课视频、工程量数据和模型文件等，并已上传至百度网盘，链接：https://pan.baidu.com/s/1QsDtL_BI9QnDhBsv1hFDtg，提取码：xa8a。此外，CAD 图纸也可通过扫描下方二维码获取，微课视频可通过扫描书中二维码观看。为了更好地服务读者，随时为读者答疑解惑，针对本书还设置了斯维尔 BIM 技术交流 QQ 群（892570968），欢迎读者进群交流。如有疑问，请拨打编辑电话 010-88379373。

本书配套图纸

斯维尔 BIM 技术交流群

图书在版编目（CIP）数据

斯维尔 BIM 算量软件应用教程/欧阳焜，杜鑫主编. —北京：机械工业出版社，2018.8（2021.8 重印）
职业教育 BIM 软件应用技术系列教材
ISBN 978-7-111-60369-6

Ⅰ.①斯… Ⅱ.①欧… ②杜… Ⅲ.①建筑造价管理-应用软件-职业教育-教材 Ⅳ.①TU723.31-39

中国版本图书馆 CIP 数据核字（2018）第 160987 号

机械工业出版社（北京市百万庄大街 22 号 邮政编码 100037）
策划编辑：陈紫青 责任编辑：陈紫青 高凤春
责任校对：陈 越 肖 琳 封面设计：马精明
责任印制：常天培
固安县铭成印刷有限公司印刷
2021 年 8 月第 1 版第 3 次印刷
184mm×260mm · 14.5 印张 · 353 千字
标准书号：ISBN 978-7-111-60369-6
定价：49.90 元

电话服务 网络服务
客服电话：010-88361066 机 工 官 网：www.cmpbook.com
010-88379833 机 工 官 博：weibo.com/cmp1952
010-68326294 金 书 网：www.golden-book.com
封底无防伪标均为盗版 机工教育服务网：www.cmpedu.com

前　　言

为贯彻《关于印发 2011—2015 年建筑业信息化发展纲要的通知》（建质〔2011〕67号）和《住房城乡建设部关于推进建筑业发展和改革的若干意见》（建市〔2014〕92号）的有关工作部署，住房城乡建设部于 2015 年 6 月 16 日印发了《推进建筑信息模型应用指导意见的通知》。这表明我国建筑领域开始进入 BIM 时代。

目前工程造价作为承接 BIM 设计模型、向施工管理输出模型的中间关键阶段，起着至关重要的作用。BIM 技术的应用，颠覆了以往传统的造价模式，造价岗位将面临新的洗礼。造价人员必须逐渐转型，接受 BIM 技术，掌握新的 BIM 造价方法。高校作为岗位人才的输出地，就迫切需要加快工程造价专业的发展，结合 BIM 培养具有较高职业素质、较强创新能力以及工程造价管理能力的应用型专门人才。近年来，工程造价专业由原来的高职类院校开设转化为本科类也开始开设（已正式列入本科专业目录），工程造价 BIM 软件技术也成了必修的核心专业课程。

本书为工程造价专业软件技术教程用书之一。与市面上通篇介绍使用说明的软件图书不同，本书融理论、实践与检验为一体，通过实际工程案例的引入，使用斯维尔 BIM 三维算量 2018 For CAD 软件，解决建筑工程的手动建模和导图识别建模工程量计算问题，较完整地介绍了软件的操作功能在实际案例中的具体使用方法，对于较难理解的文字部分，还加入了二维码视频供读者学习参考。

本书由欧阳焜和杜鑫担任主编。本书第 3 章、第 4 章、第 6 章、第 7 章、第 12 章及部分视频资源由全国注册造价工程师欧阳焜编写完成，第 2 章、第 5 章及第 10 章由全国注册造价工程师冉竞编写，第 1 章、第 9 章由全国注册造价工程师袁帅编写，第 8 章、第 11 章由全国二级建造师高适编写，其余视频资源由深圳市斯维尔科技股份有限公司杜鑫完成。欧阳焜负责全书的统稿工作，杜鑫负责全书的审核工作和技术支持。张兰、冯梦、杨勇、唐思贤、陈聪、魏雪梅、李军梅、吴磊、张杰也参与了本书的编写工作。本书的编写还得到了贵州智阳教育的大力支持和帮助，在此特别感谢。

全书主要针对软件配合实际工程案例实操学习使用，因此，需要读者具备一定的计算机操作能力和建筑工程的识图知识，方可达到更好的学习效果。

由于编者水平有限，书中难免有不妥之处，敬请读者谅解。

编　者

目　录

第1章

绪论

1.1 工程造价 BIM 软件技术的发展及前景

造价管理是工程建设项目管理最核心的内容。造价不仅有价格之意，也有成本之义，它是个复合概念，造价＝量×价。量是指工程量；价是综合单价，包括人材机价格和管理费及利润等。量是基础性数据，不仅是计价的基础也是项目材料采购、成本控制的基础性数据，项目效益的好坏取决于对基础数据的管理，有人说对企业来说，得数据得天下，可见基础数据的重要性。如何快速准确地取得项目基础数据？这是摆在我们面前的一个重大问题。工程量统计会用掉造价人员 70 % 左右的时间。传统的工程量计算效率低下，算量工作依赖于手工方式，通过纸质图纸获取造价需要的工程量数据，这种情形下，设计院是否提供某个信息模型对造价人员不会产生影响。

基于这样的情况，一些造价人员尝试使用软件对工程量进行计算，使用的算量软件有 Excel 等通用软件，还有专业的表格软件，但这些软件提供的仅仅是死气沉沉的数字，不够直观，缺少鲜活的生命力。

自 20 世纪 70 年代 BIM 概念提出，BIM 技术在很长的时间内只是设计师的美好愿景，发展十分缓慢，直到 20 世纪末，才开始有人尝试将 BIM 技术应用到一些简单的建筑设计中去。随着计算机硬件及软件的高速发展，BIM 技术正引发建筑行业一次史无前例的彻底变革。首先在 2005 年前后，国内外开始出现一些使用 BIM 原理的图形类的算量软件来解决建筑的工程量计算问题。它们显而易见的优点就是将工程量可视直观化，可导入 CAD 电子文档，还可与计价等软件互导。然而新鲜事物的出现在老旧的建筑技术有些"水土不服"，这些软件操作复杂，使得有些人望而却步，一些非成功用户也对图形类的算量软件等 BIM 技术软件评价消极，这些都影响了工程造价 BIM 软件的普及。但不论是根据软件发展规律还是建筑行业发展趋势，似乎只有使用这些图形类算量软件才能使数据信息更有生命力，更有可持续性。这些年，各软件公司不断优化旗下的图形类的算量软件，使得软件上手越来越容易，图形类的算量软件对于造价工作已变得不可或缺。BIM 技术不仅带来的是一个带有信息的项目构件和部件数据库，还为造价人员提供造价管理需要的项目构件和部件信息，从而大大减少根据图纸人工统计工程量的工作量。

随着我国建筑行业改革发展整体需求的影响，近年来 BIM 技术逐步在建筑工程领域普及推广，各地方政府也先后推出相关 BIM 政策。2017 年 7 月 1 日，住房和城乡建设部批准实施的《建筑信息模型应用统一标准》更是填补了我国 BIM 技术应用标准的空白。由此可见，BIM 将是未来建筑的通用平台，也将在工程造价领域得到全过程全方位的应用。

1.2 BIM 技术在工程造价中的现状

随着工程建设规模的不断扩大，以及 BIM 技术的不断应用，工程造价（管理）工作分工越来越细，也对软件的专业分工要求越来越高。

目前，根据工程造价涉及的工作专业特点，工程造价 BIM 软件主要包括建筑工程算量软件、安装工程算量软件、钢结构算量软件、土石方算量软件以及市政工程算量软件。从软件的提供商来看，工程造价 BIM 软件包括斯维尔 BIM 系列软件、广联达 BIM 系列软件、鲁班 BIM 系列软件、神机妙算可视智能工程造价系列软件等。

斯维尔 BIM 三维算量软件是目前市场上实现土建预算与钢筋抽样同步出量的主流算量软件，在同一软件内实现了基础土方算量、结构算量、建筑算量、装饰算量、钢筋算量、审核对量等功能，避免重复翻看图纸、避免重复定义构件、避免设计变更时漏改，达到一图多算、一图多用、一图多对，全面提高算量效率。软件内置了全国各地定额的计算规则，可靠、细致，与定额完全吻合，不需再作调整。由于软件采用了三维立体建模的方式，使得整个计算过程可视，工程均可以三维显示，最真实地模拟现实情况。这些都是本书使用该软件编写教程的重要原因。

1.3 软件安装的注意事项

进行学习前，首先，需要完成软件的安装工作。

由于软件是依托在 AutoCAD 平台上深度开发的，因此，安装斯维尔软件，必须安装 AutoCAD软件。目前，该软件支持 AutoCAD 2006 到 AutoCAD 2012 的版本，推荐使用正版的 AutoCAD软件，非官方渠道获取的 AutoCAD，可能导致无法正常运行。

安装斯维尔 BIM 三维算量 2018 For CAD 软件时，需要注意，安装过程中会弹出"安装/卸载定额库"对话框，如图 1-1 所示，一般勾选工程所在地区。此处若不勾选，会导致软件后续操作无法进行，一定要注意勾选。

耐心等待安装，安装完毕后，软件就可以正常使用了。

图 1-1 "安装/卸载定额库"对话框

计算机术语说明

第2章

斯维尔 BIM 三维算量软件的基本操作和界面使用注意事项

2.1 斯维尔 BIM 三维算量软件的新建操作

操作 1. 双击快捷图标 ，运行斯维尔 BIM 三维算量 2018 For CAD 单机版，展开软件界面，在软件的中部会弹出"打开工程"提示对话框，如图 2-1 所示。

请注意，在提示对话框下部显示的"最近工程"区域，是使用本软件创建并保存的工程文件的历史记录（默认为最近使用的 4 项），用鼠标双击列表中的一个文件，即可打开这个文件对应的算量工程模型，如图 2-2 所示。但如果是首次使用，则该区域通常为空白状态，如图 2-3 所示。

如果计算机上装有多个版本的 AutoCAD，斯维尔 BIM 三维算量软件启动的时候，会出现额外的对话框（见图 2-4），这时，需要对 AutoCAD 平台进行选择，这里推荐使用 2006 或 2011 版。

图 2-1　软件打开时的"打开工程"提示对话框

图 2-2　最近打开工程文件列表

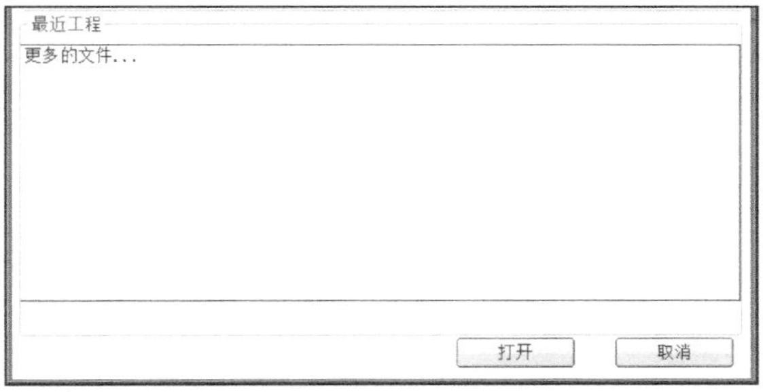

图 2-3　首次使用的列表为空白

温馨提示：

部分用户安装使用的 AutoCAD 软件为非官方渠道获取的版本，可能导致斯维尔 BIM 三维算量软件检测不到已安装的 AutoCAD 软件。

操作 2. 单击"打开工程"对话框上方区域的 新建工程 按钮，进入三维算量软件的新建操作，这时，弹出"新建工程"对话框，如图 2-5 所示。

图 2-4 装有多个版本
AutoCAD 时出现的提示框

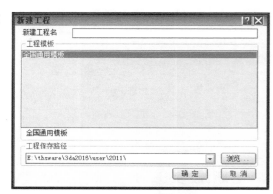

图 2-5 "新建工程"对话框

操作 3. 在"新建工程名"右侧空白栏中手动输入一个任意的文件名称，在工程模板中，默认使用"全国通用模板"即可。而工程保存路径可以在下方盘符路径进行手动输入（见图 2-6），或是单击右侧 浏览… 按钮，在弹出的"浏览文件夹"对话框中（见图 2-7），选择存放的位置，然后单击"确定"按钮。完成这些设置之后，单击图 2-6 中的 确定 按钮即可。工程的新建操作就完成了。

完成最基本的名称和保存位置设置之后，软件弹出"工程设置"对话框，如图 2-8 所示。

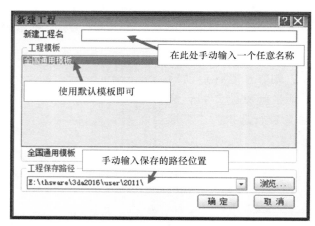

图 2-6 新建工程时的输入和设置

图 2-7　"浏览文件夹" 对话框

图 2-8　"工程设置" 对话框

在工程设置中，需要根据待算量工程的情况，分别对 "计量模式" "楼层设置" "结构说明" "建筑说明" "工程特征" "钢筋标准" 进行设置。

本书将在后面的章节，结合实例工程详细讲解 "工程设置" 的对应操作。这里，单击对话框右下方的 `取消` 按钮或左上方的 ✖ 按钮，关闭 "工程设置" 对话框。

> **温馨提示：**
>
> 　　如不慎将 "打开工程" 提示对话框关掉，也可以单击软件界面左上角 ⬜ 按钮，软件会重新弹出如图 2-5 所示的对话框，方便用户进行工程的新建操作。

2.2　斯维尔 BIM 三维算量软件的主操作界面

斯维尔 BIM 三维算量 2018 For CAD 采用的是时下最流行的 Ribbon 软件界面，由于软件是在 CAD 平台上深度开发的，所以保留了一些 CAD 软件界面的特点，比如存在 CAD 工具条等，如图 2-9 所示。

6

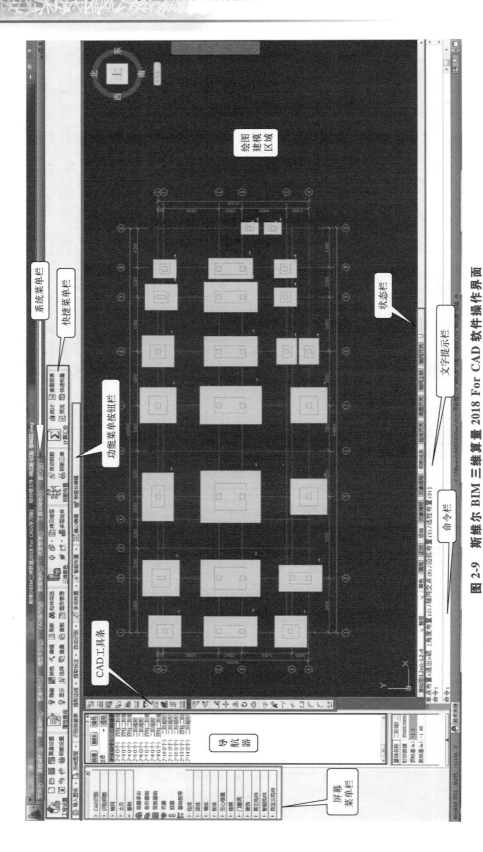

图 2-9　斯维尔 BIM 三维算量 2018 For CAD 软件操作界面

　　掌握软件界面的特点，对于学习者来说十分重要。本章将对使用软件操作中界面使用时需要注意的地方做一个详细的介绍。

2.3　Ribbon 界面的特色——展开功能按钮

　　采用 Ribbon 界面布置的软件，往往都会把若干个操作命令收拢在一个按钮中，这样，将最大程度利用软件界面，设置足够多的操作功能，同样，斯维尔 BIM 三维算量 2018 也采用了这样的方式。软件中，这些按钮主要以如图 2-10 所示的形式出现。

　　在图 2-10 中，a 为功能菜单按钮栏中的"冻结图层"按钮，b 为屏幕菜单栏中的"基础"菜单项，c 为楼层状态切换栏，d 为在构件设置界面中的"独立基础"构件列表界面。它们都将一些命令或功能操作键收拢起来，需要通过单击相应的按钮，才能展开并显示出来。

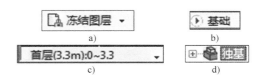

图 2-10　软件中各种形式的展开功能按钮

　　单击图 2-10a 中的 ▼ 按钮，展开，并显示出"其它功能"选项，以提供用户更多的选择，如图 2-11 所示。

　　单击图 2-10b 中的 ▶ 按钮，"基础"菜单界面展开更多的构件类型，这样，用户就可以根据具体的需要，进而单击选择相应的类型，如图 2-12 所示。

　　单击图 2-10c 中的 ▼ 按钮，楼层显示更多的信息，由于该按钮直接出现在图 2-10c 中这样的文字显示栏中，并且，单击后又能提供更多内容的选项，因此，该按钮又被称为下拉选项框按钮，如图 2-13 所示。

　　单击图 2-10d 中的 ⊞ 按钮，变为 ⊟，并能显示更多的独立基础构件信息内容，如图 2-14所示。

　　掌握这些展开功能按钮出现的形式和特点，对于今后需要启用某些功能时，就不难进行寻找了。

图 2-11　"冻结图层"
按钮展开效果

图 2-12　"基础"菜
单项展开效果

图 2-13　楼层状态切换栏单击
下拉选项框按钮的显示效果

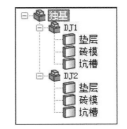

图 2-14　"独立基础"
构件列表界面

温馨提示：

图 2-10d 中需要单击"基础"中"独基"中的编号管理，才能显示，在这里，如果是初学者可能一时难以发现这个界面，可以在学习完后面的章节之后，再重新了解这个形式的展开功能按钮。

2.4 屏幕菜单栏与功能菜单按钮栏

在图 2-9 中，左侧的屏幕菜单栏与上部的功能菜单按钮栏，是有相互对应关系的。在屏幕菜单栏中，单击不同的构件类型，在上部的功能菜单按钮栏中出现的功能按钮都不尽相同。

单击左侧的屏幕菜单栏中 ⊙ 土方 按钮，在展开项命令中单击 🐾 基坑土方 （见图 2-15），上部的功能菜单按钮栏出现了变化，如图 2-16 所示。

图 2-15 单击"基坑土方"

图 2-16 单击"基坑土方"时功能菜单按钮栏的情况

接着，再单击下方的 🐾 网格土方 按钮（见图 2-17），上部的功能菜单按钮栏又发生了改变，如图 2-18 所示。

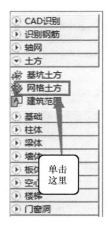

图 2-17 单击"网格土方"

图 2-18　单击"网格土方"时功能菜单按钮栏的情况

因此，进行特定的功能操作之前，务必先选定正确的构件类型，保证出现需要的功能菜单按钮栏。

此外，将光标置于对应菜单上，点击右键，也会弹出该菜单的下级菜单，方便快速启用各展开项命令，如图 2-19 所示。

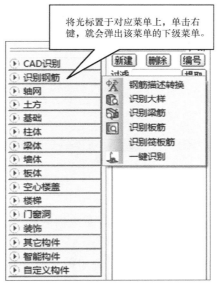

图 2-19　展开项命令调用的另外操作

2.5　命令栏和文字提示栏

在执行一个命令操作时（如柱构件布置），在"文字提示栏"内会出现这些操作的提示文字（见图 2-20），对于一些操作步骤较多的操作，根据文字提示，将有效提升操作的效率，因此，在操作过程中应多关注文字提示栏的内容。

```
命令:
输入插入点<退出>或 [角度布置(J)/框选轴网(K)/选独基布置(S)/沿弧布置(Y)]
```

图 2-20　"文字提示栏"的内容

一些操作在执行时，还会在下方的命令栏中出现一些"命令栏按钮"（如执行手动布置砌块墙构件），以求达到个性和精细化的要求，如图 2-21 所示。这时，可以单击对应的按钮，启用相应的命令。对于习惯键盘操作的用户，也可针对按钮上标注的字母，在命令栏中快速输入对应的字母或数字，快速调用这些"命令栏按钮"功能来完成后续操作。

命令栏同时支持很多功能操作的快捷输入，只需记住这些功能的快捷键对应的字母，就可调用这些功能。熟练使用软件建模操作后，掌握这样的快捷输入将会使得整个建模过程事半功倍。

| 直线画墙<退出>或 | 三点画墙(V13) | 框选轴网(K) | 点选轴线布置(D) | 选梁布置(N) | 选条基布置(J) | 选线布置(Y) |

图 2-21　部分操作时出现的"命令栏按钮"

此外，有时也用于不能停顿的操作过程，如画一段直梁接着又要画一段弯梁，这时使用"命令栏按钮"将会感到非常方便。

> **温馨提示：**
> 　该软件是在 CAD 平台上深度开发的，因此，CAD 中的命令都可在命令栏中输入对应的快捷键字母快速调用。

2.6　状态栏

在绘图建模区域进行操作时，灵活使用命令栏上方的状态栏中的各个开关和按钮（图 2-22），对操作将大有助力。

| 首层(3.9m):0~3.9 | 整层 | 着色 | 填充 | 正交 | 极轴 | 对象捕捉 | 对象追踪 | 钢筋开关 | 钢筋线条 | 组合开关 | 底图开关 | 轴网上锁 | 轴网开关 |

图 2-22　状态栏

2.6.1　楼层显示状态栏

状态栏中的最左侧的楼层状态显示栏，能显示当前的楼层的层高、起止标高等信息，如图 2-23 所示。

楼层的切换需要单击下拉选项框按钮，在弹出的下拉选项中进行单击切换，如图 2-24 所示。

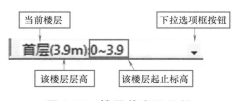

图 2-23　楼层状态显示栏

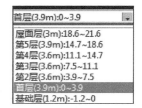

图 2-24　楼层下拉选项

2.6.2　着色和填充

状态栏中其他对应功能处于激活时，将处于"淡蓝色"状态，表明该功能正处于使用，而未启用的功能，则不会填色，如图 2-25 所示。由于颜色显示的差异明显，因此，除"楼层状态显示"外，状态栏的其他功能又被称为状态栏的开关功能键。

在绘图建模区域中完成布置的构件，通常都是显示单调的颜

| 着色 | 填充 | 正交 | 极轴 |

图 2-25　"正交"功能处于激活中

色线条，并且各个构件的中部未填充任何颜色，这样的显示效果，非常不方便观察，如图 2-26 所示。

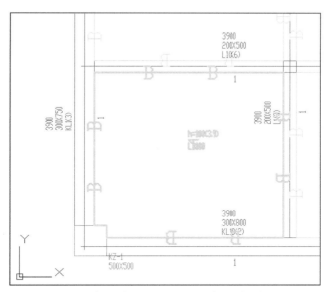

图 2-26 布置完毕"柱、梁、板"构件效果

这时，单击状态栏上的"填充"图标，激活该功能，"填充"图标被涂色（见图 2-27），柱、梁构件的中部被填充上颜色，而板构件则用斜线进行填充，如图 2-28 所示。

图 2-27 "填充"功能处于激活中

按照上述操作，单击状态栏上的"着色"图标，激活该功能，"着色"图标被涂色，柱、梁构件的中部仍被填充上颜色，而板构件则用相应的颜色完成着色效果，如图 2-29 所示。

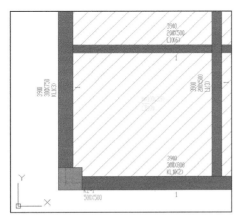

**图 2-28 进行"填充"完毕的
"柱、梁、板"构件效果**

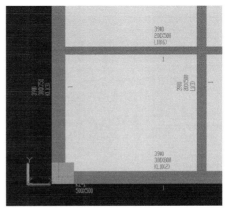

**图 2-29 进行"着色"完毕的
"柱、梁、板"构件效果**

11

当打开"着色"开关时，无论在状态栏中是否打开"填充"功能，梁柱构件都会被着色，所不同的是，在绘图建模区域左下角的"X、Y"坐标轴也会被着色，并且，无论之前绘图建模区域的底色被调成何种状态，都会变为黑色的背景。

软件并未对所有构件都单独设置了不同"填充"效果和"着色"效果，因此，不少构件使用"填充"或"着色"时，其效果并无太大区别。

2.6.3 正交

状态栏中的"正交"开关也是经常需要使用的一个功能，该功能处于激活时（见图 2-30），线状构件或图线将只能平行于 X 轴或 Y 轴方向进行绘制或布置。

| 首层(3.9m):0~3.9 | | 整层 | | 着色 | 填充 | 正交 | 极轴 | 对象捕捉 |

图 2-30 "正交"处于激活中

其他功能将针对实例工程的具体应用进行详细说明，这里不再一一赘述。

第3章

实例工程的操作流程与工程设置

3.1　实例工程概况

实例工程为一栋建筑面积 $2782.98m^2$ 的综合办公楼，其中，地上部分共计 5 层，建筑主体高度为 21.6m，采用框架结构，抗震等级为四级，抗震设防烈度为六度，结构设计及其他要求则执行相应标准图集。

各楼层的楼地面标高及层高信息见表 3-1。各楼层构件见表 3-2。

实例工程使用斯维尔 BIM 三维算量软件建立的模型效果如图 3-1 所示。

该实例工程由建筑施工图和结构施工图两份图纸组成，其中建筑施工图 13 张，结构施工图 20 张。在创建工程模型时，既可以使用手动建模的方式，还可以使用软件识别功能来完成，最后利用计算机强大的计算能力，实现工程量的计算。

表 3-1　各楼层的楼地面标高及层高信息

楼层情况	楼地面标高/m	该层对应的层高/m
楼梯间屋顶层	21.600	
屋面层	18.600	3.0
第5层	14.700	3.9
第4层	11.100	3.6
第3层	7.500	3.6
第2层	3.900	3.6
第1层	0.000	3.9

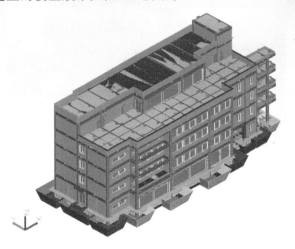

图 3-1　实例工程的模型效果

表 3-2　各楼层构件列表

构件类型	混凝土结构	砌体结构	门窗	建筑物附属物	装饰	其他
基础层	独立基础、地梁、柱子					
第1层	柱子、楼层梁、现浇板、楼梯	砌体墙、构造柱	门、窗、门联窗	散水、台阶、坡道、栏杆扶手、钢筋混凝土雨篷、成品雨篷	室内装饰、外墙装饰、室外零星装饰	建筑面积、脚手架

（续）

构件类型	混凝土结构	砌体结构	门窗	建筑物附属物	装饰	其他
第2层	柱子、楼层梁、现浇板、楼梯	砌体墙、构造柱	门、窗	过道栏杆扶手	室内装饰、外墙装饰、屋面装饰	建筑面积、脚手架
第3层	柱子、楼层梁、现浇板、楼梯	砌体墙、构造柱	门、窗	过道栏杆扶手	室内装饰、外墙装饰	建筑面积、脚手架
第4层	柱子、楼层梁、现浇板、楼梯	砌体墙、构造柱	门、窗	过道栏杆扶手	室内装饰、外墙装饰	建筑面积、脚手架
第5层	柱子、楼层梁、现浇板、楼梯	砌体墙、构造柱、女儿墙	门、窗、门联窗	女儿墙压顶、混凝土反边、止水坎	室内装饰、外墙装饰、屋面装饰	建筑面积、脚手架
屋面层	柱子、楼层梁、现浇板、楼梯	砌体墙、构造柱、女儿墙		女儿墙压顶、混凝土反边、止水坎	室内装饰、外墙装饰、屋面装饰	建筑面积、脚手架
楼梯屋面层	柱子、楼层梁、现浇板、楼梯			钢筋混凝土雨篷	屋面装饰	

14　3.2　软件建模的流程

运用斯维尔 BIM 三维算量软件完成一栋房屋建筑的算量工作需要遵循如图 3-2 所示的工作流程。

按照这个工作流程，灵活地运用软件，将会给建模带来很大的便利。需要注意的是，本实例工程并没有设计"剪力墙"构件，执行流程时，需要跳过"剪力墙"构件。

3.3　工程设置

工程设置十分重要，如果跳过该项操作或设置错误，将导致很多后续操作无法进行。

在按照本书 2.1 节的指导方法完成新建后，软件将直接进入工程设置界面。如果中途关闭，也可以单击软件界面上方的快捷菜单栏中"工程设置"按钮（见图 3-3），软件将重新弹出"工程设置"对话框，如图 3-4 所示。

在"工程设置"对话框中（见图 3-4），左边部分为需要设置的页面选项，共 6 项，分别为"计量模式""楼层设置""结构说明""建筑说明""工程特征"和"钢筋标准"。在弹出的"工程设置"对话框中，默认显示的设置内容为第一项"计量模式"。

可以通过单击左侧标有这六项内容名字的标签，进行设置内容的切换，还可以通过单击 ＜上一步 或 下一步 ＞ 实现不同设置页面之间的切换。由于"计量模式"为设置的第一项内容，所以 ＜上一步 为灰显状态，无法被单击启用。此外，在对话框的右边，为具体需要设置的内容，如图 3-4 所示。不同的设置页面，设置的内容都是不同的，必须根据工程实际情况，针对不同的设置信息，进行录入。

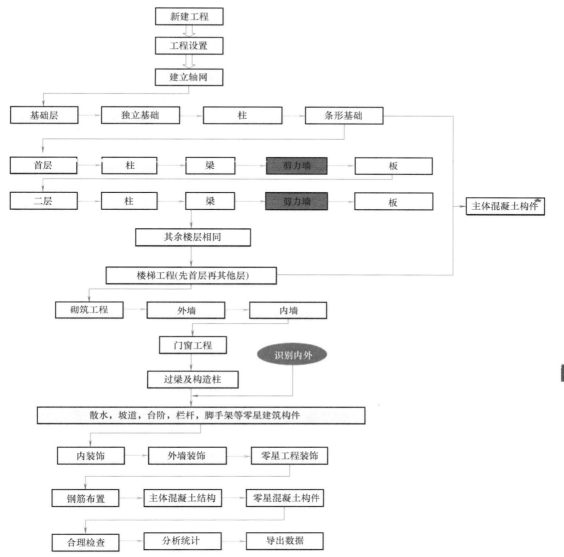

图 3-2　三维算量软件的流程图

图 3-3　单击"工程设置"按钮

3.3.1　工程设置——"计量模式"

在"计量模式"设置界面中,"计算依据"需要根据工程所在地的情况,进行地区化的设置。无论是采用定额模式，还是清单模式作为文件的计算依据，都需要根据委托工程的实际要求来进行确定。

选择清单模式时，还需要根据工程量的计算规则，在"按清单规则"或"按定额规则"两项中进行选择，比如土石方挖填的工程量，选取不同的计算规则，计算的工程量是不一样的。

读者还可以根据所在地区的

图 3-4 "工程设置"对话框

情况和委托项目的特点，通过单击"定额名称"和"清单名称"旁边的下拉选项框按钮，在弹出的选项中，选择对应的内容。

操作 1. 为统一起见，本实例工程中，将"计算依据"单击设置成"清单"，并选取"实物量按定额规则计算"作为计算规则。

操作 2. "定额名称"和"清单名称"则通过右侧的下拉选项框按钮，分别选为"贵州省房屋建筑与装饰工程计价定额（2016）"和"国标清单（2013）"即可，如图 3-5 所示。

16

图 3-5 设置完毕的"计量模式"

设置完毕后，单击 下一步 > 按钮，进入"楼层设置"设置页面。

若不进行"定额名称"的设置，将会弹出错误提示，如图 3-6 所示。如果仍不作设置，将影响后续的很多操作。

温馨提示：
在图 3-5 中，下方的"相关设置"还有"算量选项"和"计算精度"两个选项，本实例工程无需进行对应的设置。

图 3-6 定额未设置时的提示

工程的打开、
新建、保存及
计量模式设置

3.3.2　工程设置——"楼层设置"

根据实例工程的楼层情况（见图 3-7），在"楼层设置"的页面中，默认显示的楼层只有两层，显然无法满足实际的需要，必须进行额外的设置，才能满足要求。

操作 1. 添加楼层数量。将鼠标单击"楼层名称"为"首层"的这一行中的任意一个单元格位置，单击界面上方的 添加 按钮，软件将在首层上方新增楼层，如图 3-8 所示。

这里，一共需要单击 添加 按钮 6 次，在首层上方新添加 6 个楼层，并将"第 6 层"和"第 7 层"的楼层名称分别修改为"屋面层"和"楼梯间屋面层"，如图 3-9 所示。请注意，首层作为默认出现的楼层是无法删除的，并且无法更改其楼层名称。

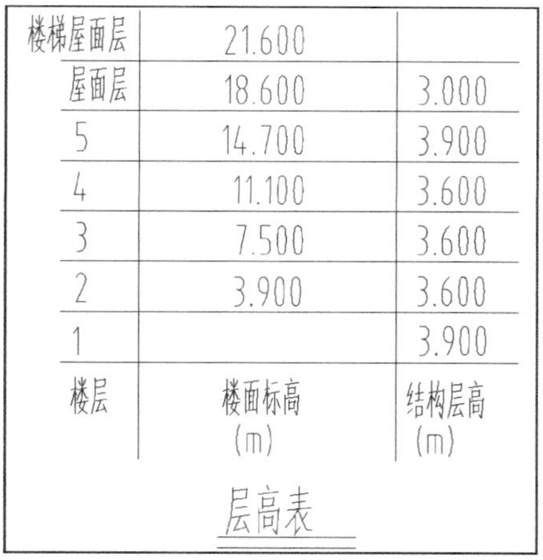

楼梯屋面层	21.600	
屋面层	18.600	3.000
5	14.700	3.900
4	11.100	3.600
3	7.500	3.600
2	3.900	3.600
1		3.900
楼层	楼面标高 (m)	结构层高 (m)

层高表

图 3-7　图纸中的层高表

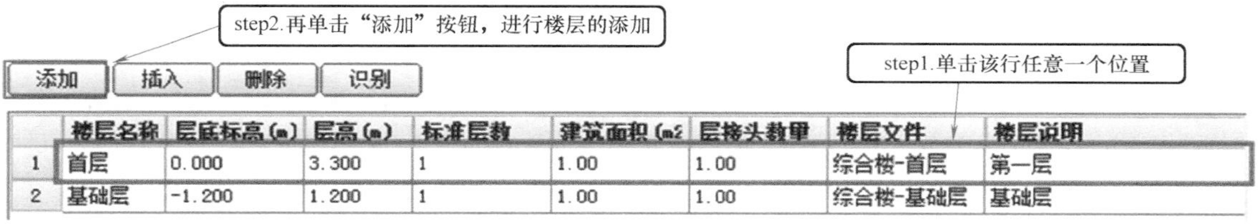

step2.再单击"添加"按钮，进行楼层的添加

step1.单击该行任意一个位置

	楼层名称	层底标高 (m)	层高 (m)	标准层数	建筑面积 (m2)	层接头数量	楼层文件	楼层说明
1	首层	0.000	3.300	1	1.00	1.00	综合楼-首层	第一层
2	基础层	-1.200	1.200	1	1.00	1.00	综合楼-基础层	基础层

图 3-8　添加楼层

此处需要修改

	楼层名称	层底标高 (m)	层高 (m)	标准层数	建筑面积 (m2)	层接头数量	楼层文件	楼层说明
1	楼梯间屋面层	19.800	3.3	1	1.00	1.00	临时-楼梯屋面层	
2	屋面层	16.500	3.3	1	1.00	1.00	临时-屋面层	
3	第5层	13.200	3.3	1	1.00	1.00	临时-第5层	
4	第4层	9.900	3.3	1	1.00	1.00	临时-第4层	
5	第3层	6.600	3.3	1	1.00	1.00	临时-第3层	
6	第2层	3.300	3.3	1	1.00	1.00	临时-第2层	
7	首层	0.000	3.3	1	1.00	1.00	临时-首层	第一层
8	基础层	-1.200	1.200	1	1.00	1.00	临时-基础层	基础层

图 3-9　添加完毕的楼层列表

如果单击楼层列表中"基础层"及以下位置，单击 添加 按钮，进行楼层增加，则会出现"基础 2 层""基础 3 层"等。按照这样的操作，只需要再把名称进行适当的修改，就可以用来处理带有地下楼层的工程，这里，读者可以自行尝试。

> **温馨提示：**
>
> 单击 添加 按钮旁的 插入 按钮，可以在选中的楼层下方插入一个新的楼层，但使用这个操作通常需要修改新插入楼层的楼层名称。而旁边的 删除 按钮，激活使用时，用于删除当前选中的楼层。

17

添加完楼层后，还需要修改各个楼层对应的层底标高。请注意，除了首层的层底标高能直接修改以外，其他均无法直接修改，否则，会出现错误提示框，如图 3-10 所示。

这里，只能通过修改相邻楼层的层高，才能实现。如图 3-7 中第 2 层的层底标高为 3.900m，第 3 层的层底标高为 7.500m，这里，可以将首层的层高修改为 3.900m，第 2 层的层高修改为 3.600m，软件会自动进行计算匹配，将第 2 层和第 3 层的层底标高自动修改为 3.900m 和 7.500m。

图 3-10　修改首层以外的楼层层底标高的提示框

操作 2. 掌握了上述的特性，根据图纸的层高表，不难将各个楼层的标高修改完毕，如图 3-11 所示。

	楼层名称	层底标高 (m)	层高 (m)	标准层数	建筑面积 (m²)	层接头数量	楼层文件	楼层说明
1	楼梯间屋面层	21.600	3.000	1	1	1	综合楼文件-测试	
2	屋面层	18.600	3.000	1	1.00	1.00	综合楼文件-测试	
3	第5层	14.700	3.900	1	1.00	1.00	综合楼文件-测试	
4	第4层	11.100	3.600	1	1.00	1.00	综合楼文件-测试	
5	第3层	7.500	3.600	1	1.00	1.00	综合楼文件-测试	
6	第2层	3.900	3.600	1	1.00	1.00	综合楼文件-测试	
7	首层	0.000	3.900	1	1.00	1.00	综合楼文件-测试	第一层
8	基础层	-1.200	1.200	1	1.00	1.00	综合楼文件-测试	基础层

图 3-11　标高修改完毕的层高表

此外，在楼层列表页面下方，还需要设置正负零距室外地面的高差值，如图 3-12 所示。

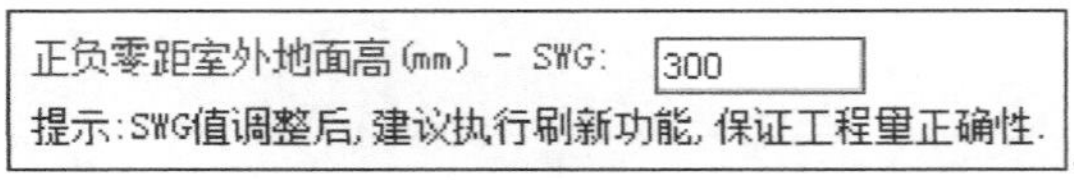

正负零距室外地面高 (mm) - SWG: [300]
提示：SWG值调整后，建议执行刷新功能，保证工程里正确性.

图 3-12　正负零距室外地面高

操作 3. 根据工程实际情况，室外地坪标高为 -0.300m，因此，该值为 300，因此，保持默认数值即可。

完成所有楼层的设置后，点击 下一步 > 按钮，进入"结构说明"设置页面。

楼层设置

3.3.3　工程设置——"结构说明"

在"结构说明"设置页面中，设置内容较多，软件将这些内容分为"砼材料设置""抗震等级设置""保护层设置"和"结构类型设置"四个子页面进行分类管理，并采用对应标签选项按钮进行切换管理，如图 3-13 所示。只需要单击对应的标签按钮，就可以快速切换对应的页面了。

砼材料设置 ｜ 抗震等级设置 ｜ 保护层设置 ｜ 结构类型设置

图 3-13　"结构说明"中不同类型的标签选项

这里，"砼材料设置""抗震等级设置""保护层设置"和"结构类型设置"分别针对整个工程中结构类构件的混凝土强度等级、抗震等级要求、钢筋保护层厚度和结构类型代号进行设置。结构类型代号的设置只适用于一些极为特殊的场合，一般无需额外设置。而混凝土强度等级、抗震等级要求、钢筋保护层厚度需要根据工程实际情况，对它们进行详细的设置。

1. "砼材料设置"

操作 1. 单击 砼材料设置 标签按钮，进入"砼材料设置"子页面。

这里，需要对楼层（即构件出现的楼层范围）、构件名称、强度等级三列内容进行设置，如图 3-14 所示。

	楼层	构件名称	强度等级
1	基础层~屋面层	,柱,	C30
2	基础层~屋面层	,砼墙,暗柱,	C30
3	基础层~屋面层	,梁,	C25
4	基础层~屋面层	,板,柱帽,空心板,空心楼盖柱帽,主肋梁,次肋梁,柱头板,侧腋,空档,楼层板带,	C25
5	基础层~屋面层	,独基,条基,筏板,坑基,基础板带,	C25 P6
6	基础层~屋面层	,楼梯,梯段,阳台雨蓬,	C25
7	基础层~屋面层	,桩基,	C30
8	基础层~屋面层	,构造柱,过梁,圈梁,	C25
9	基础层~屋面层	,压顶,悬挑板,栏板,	C25

砼材料设置　抗震等级设置　保护层设置　结构类型设置

图 3-14　"砼材料设置"子页面

操作 2. 根据实例工程的设计要求（见图 3-15），使用各个单元格中的下拉选项框按钮 ▼，选中对应的选项，对这三列内容进行一一修改即可。

1. 混凝土见下表,环境类别地上为一类,要求:最大水灰比0.60,最大氯离子含量0.3%。

部位　　等级　　构件	柱	梁、板、楼梯	构造柱、过梁
基础~屋顶	C30	C30	C20

2. 混凝土:独基、基础梁C25;要求:最大水灰比:0.60;最小水泥用量:
   250kg/m³;最大氯离子含量:0.3%,最大碱含量3kg/m³;

图 3-15　图纸中关于混凝土材料的设计要求

最终修改完成混凝土材料的工程设置，如图 3-16 所示。

完成设置后，单击选中多余的行，再单击界面上方 删除 按钮，删除多余的行。

操作 3. 单击页面上方 抗震等级设置 ，进入"抗震等级设置"子页面。需要注意的是，这里切不可直接单击 下一步 ＞ ，采用这样的操作会直接进入"建筑说明"的设置页面，无法进行其他子页面的设置。

砼材料设置 | 抗震等级设置 | 保护层设置 | 结构类型设置

	楼层	构件名称	强度等级
1	所有楼层	,楼梯,梯段,柱,梁,板,	C30
2	所有楼层	,构造柱,过梁,	C20
3	所有楼层	,条基,独基,	C25

图 3-16　修改完毕的"砼材料设置"

温馨提示：

强度等级除了使用单击下拉选择框按钮，在弹出的选项中点选外，也可以使用手动输入。某些构件也会采用抗渗混凝土，将抗渗等级加注在强度等级后面，以空格隔开即可，如 C30 P8。

2."抗震等级设置"

设置方法与"砼材料设置"类似，其中，第二列"结构类型"按照平法图集进行分类，一般不需要更改（图 3-17）。

砼材料设置 | 抗震等级设置 | 保护层设置 | 结构类型设置

	楼层	结构类型	抗震等级
1	基础层~屋面层	,框架柱,框支柱,	2
2	基础层~屋面层	,普通柱,	0
3	基础层~屋面层	,框架梁,框支梁,屋面框架梁,边框梁	2
4	基础层~屋面层	,普通梁,悬挑梁,	0
5	基础层~屋面层	,砼墙,连梁,	2
6	基础层~屋面层	,暗柱,暗梁,	2
7	基础层~屋面层	,无梁板,有梁板,屋面板,地下室楼板	0
8	基础层~屋面层	,梯段,构造柱,圈梁,过梁,挑檐天沟,|	
9	基础层~屋面层	,独基,筏板承台,设备基础,条基,坑基	0
10	基础层~屋面层	,主肋梁,	2
11	基础层~屋面层	,楼层板带,	0

图 3-17　"抗震等级设置"子页面

在平法设计图集中各结构构件需要考虑抗震设计要求的通常只有框架柱、框架梁和剪力墙构件，而普通柱、普通梁和单独悬挑梁则未规定抗震等级设计要求。对于没有抗震等级设计要求的，将对应的抗震等级设计单元格，设为"0"即可。根据图纸中的设

一、工程概况

本工程位于 ××省

为五层框架结构,结构安全等级为二级,丙类设防,框架抗震等级为四级。

图 3-18　图纸中关于抗震等级的设计要求

计要求（见图 3-18），使用下拉选项框按钮或手动输入，进行一一设置即可，这里不能删除未设置的行，默认的行列都要予以保留，如图 3-19 所示。

单击页面上方 保护层设置 ，进入"保护层设置"子页面，这里，切不可直接单击

下一步 > 按钮，这样的操作会直接进入"建筑说明"的设置页面。

	楼层	结构类型	抗震等级
1	所有楼层	,框架柱,框支柱,	4
2	所有楼层	,普通柱,	0
3	所有楼层	,框架梁,框支梁,屋面框架梁,边框梁,	4
4	所有楼层	,普通梁,悬挑梁,	0
5	所有楼层	,砼墙,连梁,	4
6	所有楼层	,暗柱,暗梁,	4
7	所有楼层	,无梁板,有梁板,屋面板,地下室楼板,	0
8	所有楼层	,梯段,构造柱,圈梁,过梁,挑檐天沟,l	0
9	所有楼层	,独基,筏板承台,设备基础,条基,坑基	0
10	所有楼层	,主肋梁,	4
11	所有楼层	,楼层板带,	0

图 3-19 修改完毕的"抗震等级设置"

3. "保护层设置"

在"保护层设置"页面中第一列"类型"和第二列"设置项",无法进行修改,而需要修改的第三列"设置值"也只能通过手动输入数字完成,如图 3-20 所示。在这里修改的保护层值,将沿用到钢筋计算的保护层设置,直接影响钢筋计算的结果。

砼材料设置	抗震等级设置	保护层设置	结构类型设置	

	类型	设置项	设置值
1	柱	砼强度等级<=C25	25
2		砼强度等级>C25	20
3	框架梁	砼强度等级<=C25	25
4		砼强度等级>C25	20
5	非框架梁	砼强度等级<=C25	25
6		砼强度等级>C25	20
7	板	砼强度等级<=C25	20
8		砼强度等级>C25	15
9	剪力墙	砼强度等级<=C25	20
10		砼强度等级>C25	15
11		地下室迎水面外墙保护层厚度(mm) - TCZ	50
12	筏板,坑基	保护层厚度(mm)	40
13		筏板面筋保护层厚度 - TCZ	25

图 3-20 "保护层设置"子页面

在结构设计图纸图 1 "结构设计总说明"和图 2 "基础设计说明"中均有关于钢筋保护层厚度的设计要求,如图 3-21 和图 3-22 所示。其中,关于柱的保护层厚度,两处说明中还出现了不一致的情况。部分工程会将在埋地部分的柱体钢筋保护层厚度设计较厚,有别于地上的柱体构件。这里,可以先按地上部分的柱保护层厚度"20mm"进行设置,在进行钢筋布置时,再针对基础层内的柱子单独进行修改。

七、基本构造及选用图集
  1. 钢筋保护层: 板15mm,梁20mm,柱20mm;

图 3-21 结构设计总说明中保护层厚度规定

四、基本构造及选用图集
  1. 钢筋混凝土保护层厚度:柱30mm,基础梁30mm,基础50mm

图 3-22 基础设计说明中保护层厚度规定

根据上述要求，使用手动输入的方式，完成对应的修改，如图 3-23 所示。默认值发生变动的单元格，会用不同的颜色进行显示。

完成"保护层设置"子页面中的设置后，单击 下一步 > 按钮，进入 "建筑说明"的设置页面。

结构说明设置

	类型	设置项	设置值	备注
1	柱	砼强度等级<=C25	20	包含框架柱、框支柱、普通柱、预制柱
2		砼强度等级>C25	20	
3	框架梁	砼强度等级<=C25	20	包含框架梁、框支梁、屋面框架梁、悬挑梁、边框梁、
4		砼强度等级>C25	20	
5	非框架梁	砼强度等级<=C25	20	包含普通梁、楼梯梁、地下普通梁
6		砼强度等级>C25	20	
7	板	砼强度等级<=C25	15	包含有梁板、无梁板、屋面板、地下室楼板、拱形板、
8		砼强度等级>C25	15	
9	剪力墙	砼强度等级>C25	15	包含暗柱、暗梁、连梁、砼墙
10			15	
11		地下室迎水面外墙保护层厚度(mm) - TCZ	50	
12	筏板,坑基	保护层厚度(mm)	40	包含筏板、坑基、基础板带
13		筏板面筋保护层厚度 - TCZ	25	
14	独立基础	(独基)保护层取值设置(mm)	50	包含独立基础、设备基础
15		(独基)顶部保护层取值设置(mm) - TCZ	50	
16	桩基	桩基钢筋保护层取值设置(mm)	50	包含桩基
17	承台	保护层取值设置(mm)	40	包含筏板承台
18		顶部保护层取值设置(mm) - TCZ	25	
19	基础主梁	保护层厚度(mm)	30	包含基础主梁、基础连梁、承台梁
20		(基础主梁)顶面和侧面保护层取值设置(mm) - TCZ	30	
21	基础次梁	保护层厚度(mm)	30	包含基础次梁
22		(基础次梁)顶面和侧面保护层取值设置(mm) - TCZ	30	
23	带形基础	条基钢筋保护层取值设置(mm)	30	包含带形基础
24		(条基)顶面和侧面保护层取值设置(mm) - TCZ	30	
25	其他	砼强度等级<=C25	25	包含除以上构件类型之外的所有构件类型
26		砼强度等级>C25	20	

图 3-23 修改完毕的钢筋保护层厚度

3.3.4 工程设置——"建筑说明"

在"建筑说明"页面中，包含"砌体材料设置""侧壁基层设置"两个子页面内容，与"结构说明"相同，可以单击对应名称的标签选项，在两个子页面中进行切换，如图 3-24 所示。这里，设置相应的信息，将方便整个工程创建砌体材料和侧壁基层这两类构件的信息输入工作。

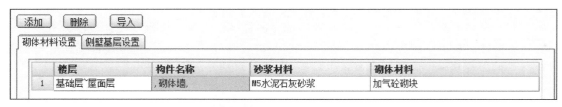

图 3-24 "建筑说明"中"砌体材料设置"子页面

在结构图设计说明中对于砌体材料已做出了具体的要求（见图 3-25），参照前面的设置方法，单击下拉选项框按钮，在展开选项中，找到合适的项目或手动输入的方法，完成该子页面的设置即可，如图 3-26 所示。

五、墙体：
1. 所有墙体除注明外均为200mm厚加气混凝土砌块，采用 M5 水泥砂浆砌筑。

图 3-25　图纸关于砌体材料的说明

	楼层	构件名称	砂浆材料	砌体材料
1	所有楼层	,砌体墙,	M5水泥砂浆	加气砼砌块

（砌体材料设置 | 侧壁基层设置）

图 3-26　修改完毕的"砌体材料设置"

"侧壁基层设置"主要应用是当工程的非混凝土墙墙面采用了多种不同类型的材料铺设时，并且工程所在地的定额要求按墙面每个基层，分列子目进行计算的情况，这时，才需要进行这个设置。本实例工程不存在这样的设计要求，无须进行这个设置。单击 下一步 > 按钮，进入"工程特征"设置页面。

建筑说明设置
及其他设置

3.3.5　工程设置——"工程特征"

工程特征的设置分为"工程概况""计算定义"和"土方定义"三个子页面，可以通过单击每个名称左侧的"○"，进行这三个子页面之间的切换。

工程特征需要根据待算量工程的基本情况、施工组织设计方案和地勘报告来进行设置。一般只需将带有蓝色字体的必填项完成即可。

23

1. "工程概况"

根据前面实例工程概况的描述，参照前面的设置操作方法，不难完成"工程概况"的设置。设置完毕的"工程概况"如图 3-27 所示。

◉ 工程概况　　○ 计算定义　　○ 土方定义

	属性	属性值
1	建筑面积(m2)-[JZMJ]	2782.98
2	结构特征-[STC]	框架
3	塔楼层高(m)-[TFH]	
4	裙楼层高(m)-[AFH]	
5	地下室楼层高(m)-[CFH]	
6	正负零上总高(m)-[HAZ]	
7	正负零下总高(m)-[HBZ]	
8	塔楼层数(层)-[TFN]	
9	裙楼层数(层)-[AFN]	
10	地下室楼层数(层)-[CFN]	
11	总楼层数量(层)-[FN]	

图 3-27　设置完毕的"工程概况"

单击"工程概况"右侧的"○"，进入"计算定义"子页面。

2. "计算定义"

在该子页面中，模板类型需要根据工程的施工组织设计方案才能确定，这里，可按默认的"普通木模板"来设置。

此外，墙身还需设置贴缝钢丝网，并需要设置它的宽度，两边各压 150mm 宽，总宽度为 300mm，如图 3-28 所示。其余按默认设置考虑即可，如图 3-29 所示。

八、装修工程：

1. 本工程除有二装要求的部分外，对于一次到位的装修均要求各种装饰线条，线脚横平竖直；对有板块材料的则应事先进行选料排块后，再进行大面积施工。

2. 为确保工程质量，所有主要装饰材料的规格、材质、颜色以及造型处理均应在施工订货前由有关厂家配合施工单位做出样板，征得甲方及设计人员同意施工后，方可购买再进行施工，二装部分选材不能超过设计的荷载要求及允许厚度。

3. 内墙面装饰除特殊要求外，一般粉刷应分层施工，确保平整牢固所有阳角距地 2000 以下用 1:2 水泥砂浆做护角；瓷砖及面砖施工前应预先排列，使切角瓷砖安装在阴角和次要位置。

4. 在两种墙身材料平接时，粉刷前应在交接处加 0.8 厚 9X25 孔钢丝网一层，缝两边各压入150 宽，再进行抹灰。

图 3-28　图纸中关于贴缝钢丝网的要求

	属性	属性值
	○ 工程概况　　⦿ 计算定义　　○ 土方定义	
1	模板类型-[MBLX]	普通木模板
2	是否计算钢丝网-[JSGSW]	是
3	计算时是否刷新-[JSSX]	是
4	钢丝网贴缝宽 (mm)-[GSWTFK]	300
5	阴角是否计算钢丝网-[GSWYJ]	否
6	外墙面是否满铺钢丝网-[GSWWQMP]	否
7	属于砼砌块墙面的砌体材料-[QMQKCL]	*砼*砌块
8	属于砖墙面的砌体材料-[QMQZCL]	*砖*
9	梁计算方式-[LJSFS]	用内外梁区分

提示：砌体墙与主体结构结合部计算铺贴钢丝网时，是否考虑阴角接缝。

图 3-29　设置完毕的"计算定义"页面

单击"计算定义"右侧的"○"，进入"土方定义"子页面。

3. "土方定义"

实际工作中，"土方定义"的各项设置，需要根据施工组织设计方案和地勘报告的情况进行设置。这里，由于缺乏相关资料，可将"土壤（岩石）类别"设为"三类土"，其余情况按常规考虑，不作变动即可，如图 3-30 所示。

	属性	属性值
	○ 工程概况　　○ 计算定义　　⦿ 土方定义	
1	大基坑开挖形式-[DKWXS]	机械坑内开挖
2	土壤(岩石)类别-[AT]	三类土
3	坑槽开挖形式-[KWXS]	人工开挖
4	地下水位深 (mm)-[HWST]	800
5	地层工程量区分条件-[DCGCLQFTJ]	点击下拉按钮弹出对话框设置地层工程量区分条件
6	坑槽的垫层工作面宽属性默认值 (mm)-[DEFAULT_DCK]	同垫层以上坑槽
7	坑槽的砼垫层施工方法属性默认值 (mm)-[DEFAULT_DCSG]	支模浇捣

图 3-30　设置完毕的"土方定义"页面

单击 下一步 > 按钮，进入"钢筋标准"设置页面。

3.3.6　工程设置——"钢筋标准"

钢筋标准是依照结构图中制图标准来进行确定的，根据实例工程的设计情况，选中"11G101 系列"左侧的"○"即可，如图 3-31 所示。

图 3-31　设备完毕的"钢筋标准"页面

单击 完成 按钮，这样就完成了"工程设置"的所有操作了。

"钢筋选项"是用于部分设计图会出现有别于平法设计图集的其他钢筋设计的情况。单击图 3-31 中的 钢筋选项 按钮，进入钢筋选项对话框，可以修改软件对钢筋计算所设置的一些默认值，大多数情况都不需要对此修改，这里，就不再赘述了。

3.4　软件文件的注意事项

完成楼层设置后，软件就会自动在创建文件时，指定的文件夹位置中生成对应的文件，如图 3-32 所示。由于斯维尔 BIM 三维算量软件是在 CAD 平台上深度开发的，其建模模型也依赖于 CAD。因此，每层的楼层模型均会以对应名称的 CAD 格式文件创建生成。整个文件夹下的所有文件合在一个文件夹中，才组成了一个完整的软件工程文件。

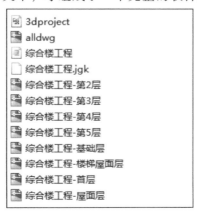

图 3-32　软件生成的文件形式

重新启用软件时，打开工程文件，应通过单击软件左上角的 **文件(P)** ，在展开的选项中单击 **打开工程** （见图 3-33），在展开的对应文件夹中双击工程文件名称来完成如图 3-34 所示。

图 3-33　单击"打开工程"

图 3-34　文件夹中的文件

另外，还可通过单击软件上方的 📁 来实现工程文件的打开，如图 3-35 所示。

使用 CAD 相应软件或在斯维尔 BIM 三维算量软件启用 CAD 文件打开操作命令，来打开其中某一个楼层名称的 CAD 文件均是错误的处理方法，打开的文件无法正常进行相应的操作。

因此，移动或复制软件保存的工程文件时，务必将整个文件夹中所有文件一并处理。

图 3-35　单击图标

第 4 章

底层混凝土构件计算

根据图 3-2 所示流程图，软件建模是从底部向上逐层建立的。可以通过观察软件界面下方的状态栏中楼层的显示状态，判断当前楼层的显示情况，如图 4-1 所示，软件默认显示的楼层状态为首层。本实例工程将基础层作为底层进行构件布置较为适宜。

| 首层(3.9m):0~3.9 | ▼ | 整层 | ▼ | 着色 | 填充 | 正交 | 极轴 | 对象捕捉 | 对象追踪 | 钢筋线条 | 组合开关 | 底图开关 |

图 4-1　状态栏中楼层的显示状态栏

如果显示并非"基础层"，可以单击楼层显示栏右边的下拉选项框按钮 ▼ ，在弹出的选项中，点选"基础层"进行切换即可，如图 4-2 所示。

| 基础层(1.2m):-1.2~0 | ▼ | 整层 | ▼ | 着色 | 填充 | 正交 | 极轴 | 对象捕捉 | 对象追踪 | 钢筋线条 | 组合开关 | 底图开关 |

图 4-2　楼层状态栏显示为"基础层"

4.1　轴网的建立

【参考图纸】：建筑施工图图 4 "综合楼二层平面图"和结构施工图图 3 "基础平面布置图"

施工图中的轴网是确定建筑和结构构件平面布置及其标示尺寸的基线，也是软件建模布置定位的重要依据。因此，使用软件建模之前，应首先确保建立正确的轴网。

4.1.1　实例工程的轴网概况和特点

由于设计者的风格或图纸实际情况等其他原因，并非所有平面图上的轴线编号都是完整的，比如该实例工程的结构平面图，上下开间的轴线编号都是有缺失的。因此，首先，要选择一张轴线编号较完整的平面图，作为轴网建立的主要参考图，否则，创建一个轴线编号缺失的轴网，对于后续的操作，将会事倍功半。

结合各张图纸的特点，这里，选择建筑施工图图 4 "综合楼二层平面图"中出现的轴网作为软件建模时的参考轴网。

该轴网虽然轴线编号比较齐全，但上下左右轴线编号并非完全对称一致，各开间和进深出现的轴线编号情况都有一定的差异，见表 4-1。

表 4-1　建筑施工图中"综合楼二层平面图"的轴线编号情况

序号	下开间		上开间		左进深		右进深	
	轴号—轴号	轴距/mm	轴号—轴号	轴距/mm	轴号—轴号	轴距/mm	轴号—轴号	轴距/mm
1	①—②	6000	①—②	6000	Ⓐ—Ⓑ	1800	Ⓐ—Ⓒ	2400
2	②—⑤	9000	②—③	3300	Ⓑ—Ⓓ	5400	Ⓒ—Ⓓ	4800
3	⑤—⑥	5100	③—④	3200	Ⓓ—Ⓔ	2500	Ⓓ—Ⓔ	2500
4	⑥—⑦	5100	④—⑤	2500	Ⓔ—Ⓕ	6000	Ⓔ—Ⓕ	6000
5	⑦—⑧	6000	⑤—⑥	5100	Ⓕ—Ⓖ	600	Ⓕ—Ⓖ	600
6	⑧—⑨	6000	⑥—⑦	5100				
7	⑨—⑩	3300	⑦—⑧	6000				
8			⑧—⑨	6000				
9			⑨—⑩	3300				

4.1.2　轴网的创建

操作 1. 单击软件界面左侧屏幕菜单栏中的 ▶ **轴网** 按钮，在展开的选项中单击

卅 **轴网** 选项按钮，如图 4-3 所示。这时，
软件会弹出一个名为"绘制轴网"的对话
框，如图 4-4 所示。

根据图纸轴网的实际情况，"轴网类型"
"开间数"和"定位点"按默认设置即可，
即选为"直线轴网""1"和"左下"（如图
4-4 中的方框所示）。

28

图 4-3　单击"轴网"展开选项按钮

轴网的创建，实质上就是进行对应的
轴距录入。在轴距数据录入之前，需要在
"开间进深切换栏"中切换成对应的轴网
的轴距录入状态，如图 4-4 所示。只要单

击所需切换的开间或进深左侧的"◯"，使之成为 ◉，就可切换到对应的轴网的轴距
录入状态。默认的开间进深状态选项为下开间，这时，"开间进深切换栏"显示
为 ◉ 下开间 。

操作 2. 进行对下开间的轴距数据的录入了。轴距的数据录入分两种情况进行录入，第
一种需要录入轴距的数字已在默认提供的轴距列表中有对应的数字出现。软件提供的默认轴
距数字列表是从 1200~7200，其中，1200~6000 每隔 300 设置一个数字，共 17 个，6000 之
后的只设立了一个数，为 7200，共计 18 个，如图 4-5 所示。这里，以下开间轴号①—②的
轴距"6000mm"为例进行说明。数字"6000"已在默认提供的列表中已对应的出现，因
此，采用图 4-5 的方法即可快速完成该轴距的录入。

表 4-1 中，下开间轴号②—⑤的轴距为 9000mm，但在提供的默认数字列表并没有这个
数字，因此，这里无法采用图 4-5 所示的方法完成该轴距的录入。

轴距的数据录入第二种情况即当需要录入的数据在默认数字列表中并没有出现的情况。
这里，适宜采用图 4-6 所示的方法完成该轴距的录入。

每个轴距录入之后，都会在对话框中右侧的"轴网创建效果预览区"，方便用户观察，

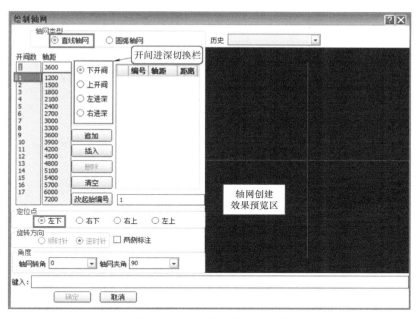

图 4-4　"绘制轴网" 对话框

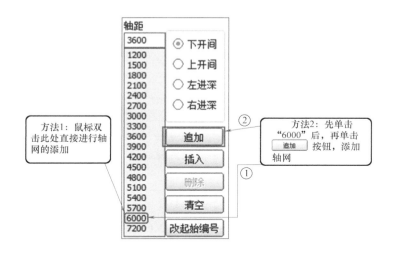

图 4-5　默认数字列表中对已有数字进行轴距的录入

及时发现错误。

　　操作 3. 点选好对应的开间或进深，依照表 4-1 的数据内容，并结合图 4-5 和图 4-6 的方法，按照下开间→上开间→左进深→右进深的顺序，不难完成整个轴网的数据录入，如图 4-7 和图 4-8 所示。

　　数据录入时，只需要按照表 4-1 依次录入数据即可，而 "编号" 会根据上下开间或左右进深的轴距情况自动调整，无须额外修改。如图 4-8b 所示，编号 A 下面一行出现的编号 C 就是软件根据已完成的左进深轴距的情况自动调整的编号。

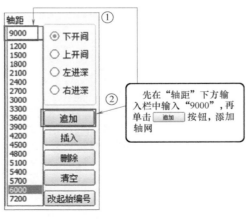

图 4-6 默认数字列表中对没有
对应的数字进行轴距的录入

a)

b)

图 4-7 上下开间的轴距录入

a) 下开间轴距录入 b) 上开间轴距录入

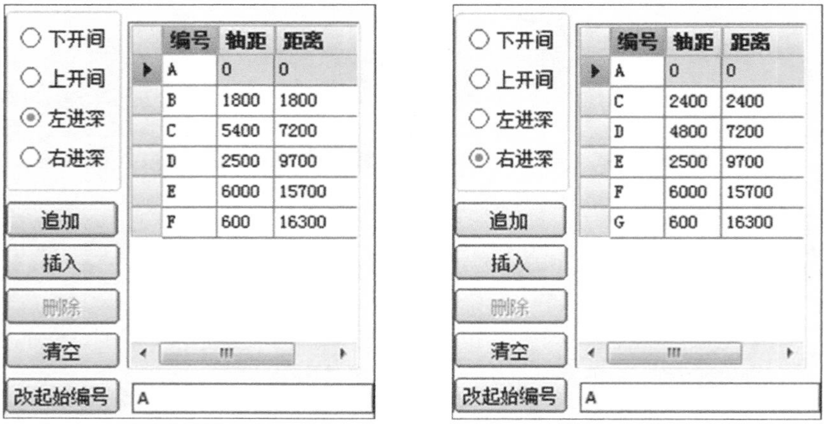

a)

b)

图 4-8 左右进深的轴距录入

a) 左进深轴距录入 b) 右进深轴距录入

操作 4. 单击对话框下方的 `确定` 按钮，完成轴网所有轴距的数据录入。这时，软件会在绘图区域中生成对应的轴网，并在轴线①和轴线④相交处，用一个圆圈加十字标出，该交点为坐标（0，0）点，如图 4-9 所示。这样，就完成了底层的轴网的创建操作了。

> **温馨提示：**
>
> 轴距录入时，使用 `插入` 和 `删除` 按钮，可以方便进行插入行和删除行的操作。而单击 `清空` 按钮，会导致此前录入的轴网数据全部清空，使用时，一定要注意。

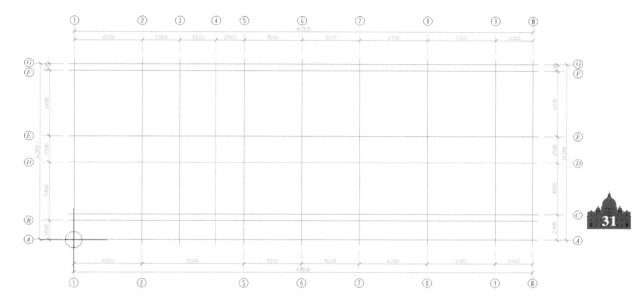

图 4-9　生成的轴网效果

4.1.3　轴网的修改

由于接下来需要布置基础，观察结构施工图图 3 "基础平面布置图"可以发现，J-14 独立基础位于轴线⑩右侧 4300mm 的位置，图纸虽然已绘制具体的图线，但并没有将该图线标记为图纸的轴网轴线，如图 4-10 所示。因而，在创建轴网并未给予考虑，但该图线若不绘制出来，J-14 将无法手动布置上去。因此，需要将已布置完毕的轴网进行修改。

轴距
的录入和
轴网的布置

操作 1. 单击软件界面左侧屏幕菜单栏中的 ▶ 轴网 按钮，在展开的选项中单击 井 轴网 ，将"功能菜单按钮栏"切换至"轴网"对应的显示状态，再单击 井 修改轴网 按钮，激活该功能。

> 导入图纸 ▾ ｜ 冻结图层 ｜ 提取轴线 ｜ 提取轴号 ｜ 自动识别 ▾ ｜ 新建轴网 ｜ 井 平行辅轴 ｜ 修改轴网 ▾ ｜ 选排轴号 ▾ ｜ 上锁轴网 ｜ 显隐轴号

操作 2. 使用鼠标拉框选中整个轴网，再右击，重新进入"绘制轴网"对话框，按照之前的方法，在下开间和上开间各追加一个轴号，轴距均为 4300mm。这里，不需要使用轴号的默认名称，将轴号设为空白即可（见图 4-11）。

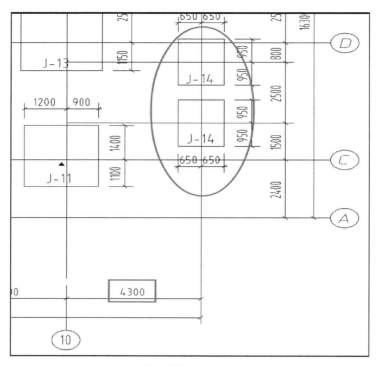

图 4-10　独立基础 J-14 的位置情况

图 4-11　新设置完毕的轴距录入情况

a) 下开间轴距录入情况　b) 上开间轴距录入情况

操作 3. 单击对话框下方 确定 按钮，对话框消失，此时，在命令栏上方的文字提示栏中出现"请输入插入点"。这里，请直接右击，修改的轴网位置将保持不变（见图 4-12）。

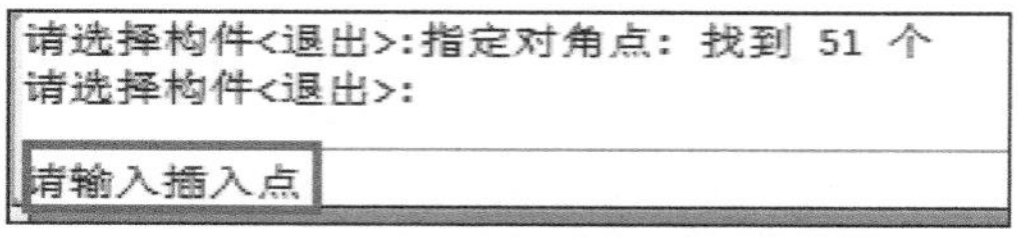

请选择构件<退出>:指定对角点:找到 51 个
请选择构件<退出>:

请输入插入点

图 4-12　文字提示栏中"请输入插入点"

完成轴网的创建和布置后，为防止后续操作对轴网进行误操作，这里，还需要对轴网进行上锁。

操作 4. 单击绘图区域下方的状态栏"轴网上锁"按钮，使之成为淡蓝色状态，表示该功能处于激活状态（见图 4-13），并且文字提示栏会出现"上锁轴网！"，表明已处于轴网上锁状态（见图 4-14）。

图 4-13　状态栏的"轴网上锁"按钮

```
命令：轴网上锁打开
上锁轴网！
```

图 4-14　文字提示栏中"上锁轴网！"

轴网的修改

4.2　构件的跨楼层复制——拷贝楼层

完成底层轴网的创建后，由于尚未布置其他构件，这时，利用"拷贝楼层"的操作，就可以快速地实现轴网在其他楼层的布置。

33

操作 1. 单击软件界面上方 拷贝楼层 按钮（见图 4-15），软件会弹出"楼层复制"对话框。

图 4-15　单击"拷贝楼层"

操作 2. 在该对话框中，构件类型选择"轴线"，在目标楼层一侧下方单击 全选 按钮，就可快速勾选中全部的目标楼层，如图 4-16 所示。最后，再单击 确定 按钮，对话框消失，完成"楼层复制"操作。

软件开始自动进行处理，并将底层的轴网复制到其他各个楼层上去。利用这个操作就可

图 4-16　"楼层复制"对话框中全选楼层

节省在其他楼层重新创建轴网的时间，此外，使用楼层拷贝复制过去的轴网，在绘图区域坐标位置保持不变，有利于跨楼层构件布置时位置不变。

"拷贝楼层"操作步骤并不复杂，实际工作中，如能够结合实际情况，灵活使用这一功能，将使得很多建模操作事半功倍。

> **温馨提示：**
>
> 目前为止，已布置的构件只有轴网，并且目标楼层是全部楼层，因此，在构件类型和目标楼层的选择中，无需过多的考虑。其他情况都需要在"楼层复制"对话框中，仔细甄别需要进行复制的构件类型是哪些，目标楼层是其中的哪几层，而并非只是使用"全选"来解决所有的问题。

4.3 独立基础

【参考图纸】：结构施工图图3"基础平面布置图"

创建完轴网后，按照图3-2所示流程图，首先进行独立基础构件的创建和布置。一般按图4-17所示的创建布置流程，来完成独立基础构件的布置。

4.3.1 独立基础的定义

根据结构施工图图2"基础设计说明"，共有14种类型独立基础，其中，双柱独立基础为J-2、J-3、J-4、J-7、J-9、J-13，其余均为单柱独立基础。

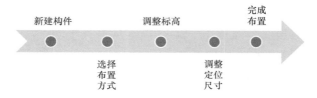

图4-17 独立基础的创建布置流程

操作1. 单击软件界面左侧屏幕菜单栏中的 ▶ 基础 按钮，在展开的选项中单击 🏛 独基承台 选项按钮，在界面右侧会弹出一个集成对话框，软件统称为"导航器"。

操作2. 单击导航器界面上方的 编号 （见图4-18），进入独立基础的"定义编号"界面。

"定义编号"对话框分为"构件列表栏""基本属性编辑栏""尺寸参数编辑栏"和"构件截面示意图"四个部分，如图4-19所示。图4-19中，在"尺寸参数编辑栏"和"构件截面示意图"均有标④的方框，可在当中任意一处进行数据输入，另外一处也会出现对应的数字，这

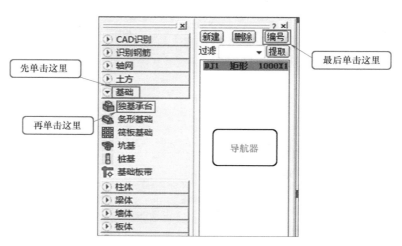

图4-18 进入独立基础"定义编号"界面操作

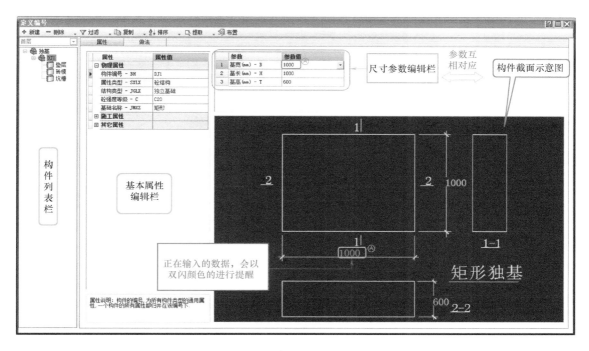

图 4-19　"定义编号"对话框

两个数据输入栏的参数是相互对应的，因此，可以根据用户习惯，选择在其中一个编辑栏进行参数输入即可。对于初学者来说，推荐在"构件截面示意图"中进行参数的输入。

　　根据结构施工图图 2 "基础设计说明"，进行对应参数设置。这里，以独立基础"J-1"为例来说明如何对各参数进行设置。

　　操作 3. 单击 ![] **砖模** 按钮，再单击 ━ **删除** 按钮，删除构件的"砖模"子属性，如图 4-20 所示。

　　在实例图纸中，对独立基础的砖模并无对应要求，需要进行删除。

　　此外，默认创建的构件编号名称为"DJ1"，与原图不符，也需要进行修改。另外，"构件截面示意图"展示的独立基础效果也与

图 4-20　删除 "砖模" 子属性

实际不符，需要单击"基础名称"那一栏中的下拉选项框按钮，在弹出"选取构件截面形状"对话框中进行选取，如图 4-21 所示。

　　操作 4. 修改构件编号名称为"J-1"，并根据结构施工图图 2 "基础设计说明"独立基础平面和竖向尺寸图，以及几何尺寸和配筋表的情况，在弹出"选取构件截面形状"对话框中，选取"二阶矩形"（如图 4-22 所示）。

　　而如果基础类型是"双柱二阶矩形"，则在对话框中选取对应的即可，如图 4-23 所示。

　　操作 5. 对照设计图中独立基础几何尺寸参数，按照图 4-24 所示的方法，通过单击构件示意图中的对应位置，完成尺寸参数的录入即可。

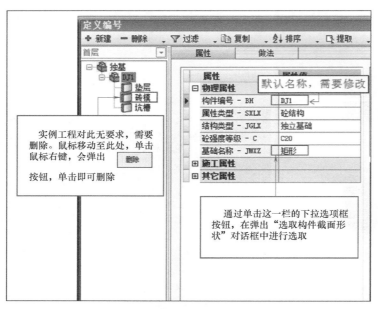

图 4-21　独立基础"J-1"修改要求 1

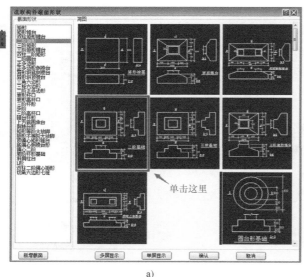

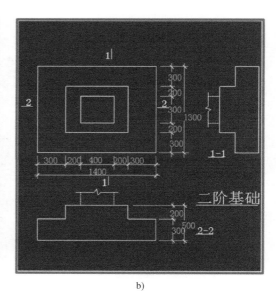

a) 　　　　　　　　　　　　　　　　　b)

图 4-22　J-1 选取对应的"二阶矩形"

a) 选取"二阶矩形"　　b) 二阶基础的大样图

需要注意的是，由于在软件设置独立基础尺寸参数时，单独设置了柱的截宽和截高参数，这两项参数主要是用来确定柱子尺寸的，但是由于柱构件的参数设置和位置布置是需要单独另行处理的，故此处可以忽略柱子的参数设置，只需要保证独立基础尺寸的长度符合图纸要求即可。

因此，在设置独立基础参数时，根据"独立基础几何尺寸及配筋表"，算出每边总长填

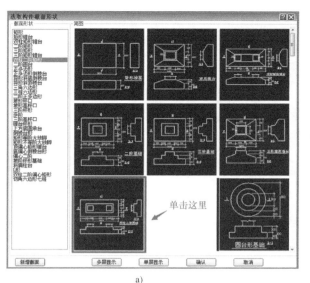
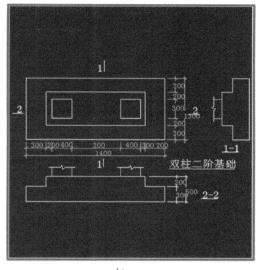

a)　　　　　　　　　　　　　　　　　　　b)

图 4-23　双柱二阶独立基础的类型选取

a）选取"双柱二阶矩形"　b）双柱二阶基础的大样图

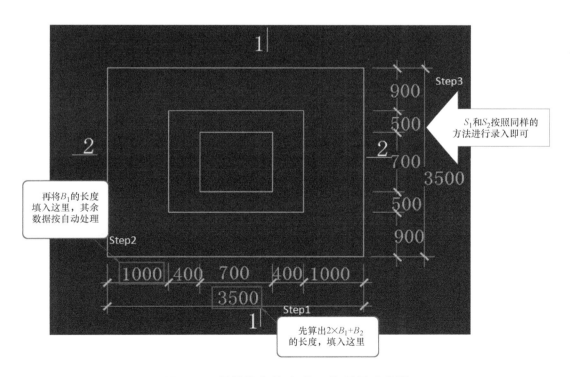

图 4-24　设置独立基础"J-1"的尺寸参数

入到参数中，再将 B_1 和 S_1 填入对应参数位置即可。

　　操作 6. 完成平面尺寸参数的录入后，还需完成竖向尺寸的参数录入，先录入 H 值，再录入 H_1 值即可，如图 4-25 所示。

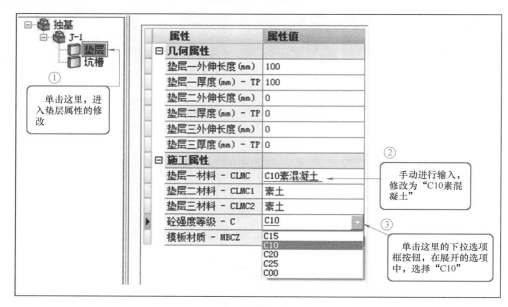

图 4-25　独立基础的竖向尺寸录入

　　最后，由于默认垫层的属性与设计要求不符，还要对独立基础"J-1"的垫层属性进行修改。这里按照图 4-26 的指示，不难完成这一操作。

图 4-26　修改独立基础的垫层属性

　　这样，独立基础"J-1"定义和参数设置就全部完成了。

4.3.2　构件新建时的注意事项

　　设置完独立基础"J-1"后，就可以按照"独立基础几何尺寸及配筋表"的顺序，依次进行各个独立基础的设置了。

　　单击"定义编号"对话框上方的 ✚ 新建 按钮，就可进行新的独立基础的创建。但在单击该按钮前，鼠标选取的位置不同，则创建的结果完全不同。

　　按照图 4-27 所示进行操作，得到的是一个名为"J-2"的独立基础，观察发现，除名称不同外，其余属性均与"J-1"相同；而采用图 4-28 所示的方法进行操作，自动创建的构件与"J-1"毫无关系，其属性完全同初次新建的效果。

　　软件会根据单击"新建"前选取的构件情况，复制该构件的属性信息，并按已有构件序号自动排序名称，创建出一个新的构件。采用这样的方式，就可以省去修改垫层属性等相同设置的重复操作时间，只需要修改其他的不同即可完成新构件的属性设置。而选中"独

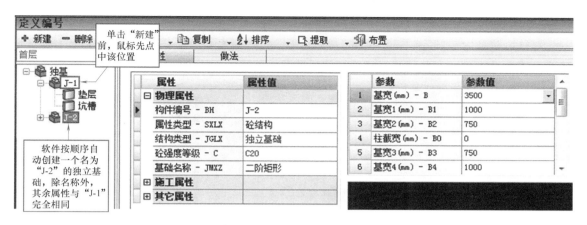

图 4-27　选中 "J-1" 再单击 "新建" 的效果

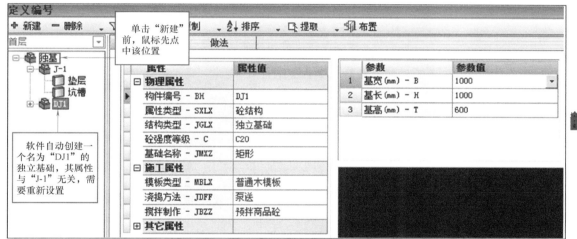

图 4-28　选中 "独基" 再单击 "新建" 的效果

基"时，由于没有指定任何一个具体的构件，软件就会按默认的全新属性创建一个构件，很多属性又需要花费时间去重新设置，非常麻烦。

　　针对实例工程的情况，可以在新建一个新的二阶独立基础前，通过先选取已创建好的别的二阶独立基础构件进行创建；而新建双柱二阶独立基础时，也可先选取对应类型的构件进行创建，来节省一些后续修改的时间。

　　创建其他类型构件，如柱、梁等，也同样具备这些特点，灵活掌握该特性，将可达到事半功倍的效果。

> **温馨提示：**
> 　　单击 "新建" 前，若选中的是某一构件的子属性栏目，如 "独基" 的 "垫层" 和 "坑槽"，则 **+ 新建** 按钮为灰显状态，无法被单击使用。

4.3.3 双柱二阶独立基础创建时的注意事项

双柱二阶独立基础除"基础名称"需要按图 4-23 进行设置外，在尺寸参数设置时，可按照上述普通二阶独立基础的方法进行设置即可，如图 4-29 所示。

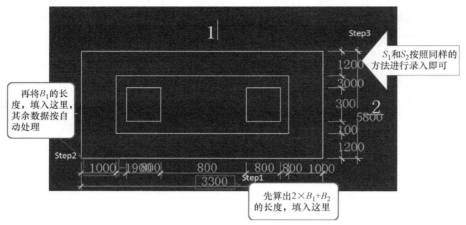

图 4-29　设置双柱二阶独立基础的尺寸参数

采用上述操作，录入双柱二阶独立基础的尺寸参数时，部分数据会被自动调整为负值，这里，只需要确保软件的尺寸长度加起来的数值与图纸设计要求一致即可，如图 4-30 所示。严格执行上述操作方法后，一般不会再对尺寸参数作额外调整。

	参数	参数值
1	基宽 (mm) – B	3300
2	基宽1 (mm) – B1	1000
3	基宽2 (mm) – B2	−1900
4	柱截宽 (mm) – B0	800
5	基宽3 (mm) – B3	800
6	柱截宽 (mm) – B01	800

图 4-30　尺寸自动调整为负值

按照上述操作，不难把所有的独立基础构件全部创建完成。

此外，软件还提供了"筏板承台"和"设备基础"构件的创建。这两项构件同样在独立基础"定义编号"对话框内进行创建。按照上述方法，先新建一个构件后，再在该构件的"结构类型"属性栏中单击下拉选项框按钮，在弹出的选项中进行对应点选即可修改完成对应的结构类型，如图 4-31 所示。

构件编号 – BH	DJ1
属性类型 – SXLX	砼结构
结构类型 – JGLX	独立基础
砼强度等级 – C	独立基础 筏板承台 设备基础
基础名称 – JMXZ	

图 4-31　修改结构类型

独立基础的定义

4.3.4 独立基础的布置标高

新建定义好各个独立基础构件后，就可进行该类型构件的布置了。

操作 1. 在"定义编号"对话框中，单击 布置 按钮，进入构件布置状态，如图 4-32 所示。

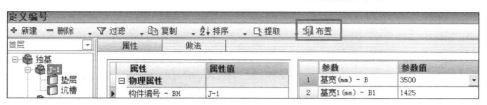

图 4-32　"定义编号"对话框中"布置"按钮

若关闭或未打开"定义编号"对话框，也可单击绘图区域上方的功能菜单按钮栏中的 手动布置，进入构件布置状态，如图 4-33 所示。

图 4-33　功能菜单按钮栏中的"手动布置"按钮

布置之前，还需要确定独立基础的标高情况。根据结构施工图图 2"基础设计说明"的情况，无论普通二阶独立基础，还是双柱二阶独立基础，其基础顶面标高均为 -2.000m，如图 4-34 所示。

操作 2. 在构件导航器下方的属性栏中将顶标高改为"-2"，其底标高会自动调整，如图 4-35 所示。

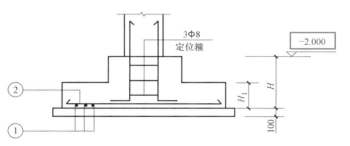

图 4-34　实例图纸中独立基础的标高

自斯维尔 BIM 三维算量 2016 的后续版本开始，在使用手动布置各个构件前，调整布置标高的效果，只能对当前选中进行修改的构件的布置标高有效，即如实例工程的构件布置标高相同，完成其中一个构件的布置标高修改，其余的构件标高仍为默认值，需要在布置之前，在构件列表中单独进行选中，再修改其布置标高，方可正确布置各个构件。本书的后续介绍也会有一些方便的操作来解决这一反复操作的问题，这里请读者耐心操作下去。

4.3.5　状态栏中的"对象捕捉"

为方便布置，还需确认状态栏中的"对象捕捉"处于激活打开状态，如图 4-36 所示。

启用"对象捕捉"功能，能快速捕捉所需的特殊位置点，如交点、端点、垂足等，在手动布置各实体构件时非常有用。

有时，如遇到"对象捕捉"处于激活状态，鼠标移动到对应位置，无法找到特殊位置点的情况，可以将鼠标移动至状态栏中"对象捕捉"位置，右击，在弹出的对话框中进行对应设置，如图 4-37 所示。

在图 4-37 中，标有方框的捕捉功能属于较为常用的功能。只需要在对应的"□"中，打"√"，即可启用这些功能。如无法区分这些功能的应用范围，可以直接单击 全部选择 按钮，确保各捕捉功能都处于启用状态。

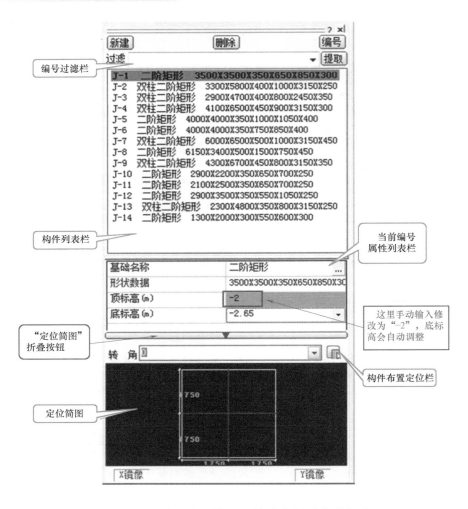

图 4-35　导航器界面情况及修改实例对应的标高

图 4-36　"对象捕捉"处于激活状态

4.3.6　独立基础的定位尺寸修改

在结构施工图图 3 "基础平面布置图"中，并非所有独立基础的中心点都是位于轴线与轴线的交点上（见图 4-38），需要修改构件的定位尺寸，才可完成独基构件的手动布置。

操作 1. 在构件处于"手动布置"状态时，单击左侧导航器下方"定位简图"折叠按钮，展开"定位简图"，如图 4-39 所示。

操作 2. 在定位简图中，根据图纸的位置情况，如独立基础"J-1"，可根据图 4-38 所示，修改对应的定位尺寸数字（见图 4-40），再单击轴线①与轴线⑥的交点位置，即可完成该独立基础构件的布置。

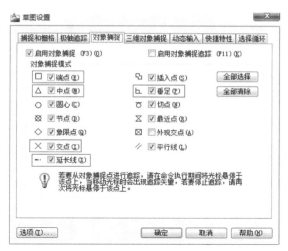

图 4-37　"对象捕捉"的设置

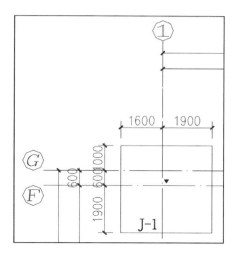

图 4-38　独立基础"J-1"的位置情况

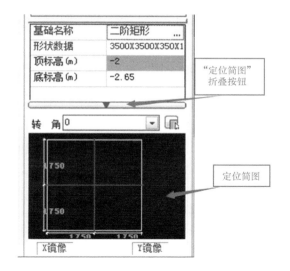

图 4-39　展开导航器的"定位简图"

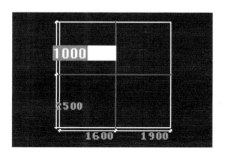

图 4-40　修改独立基础"J-1"定位尺寸

　　操作 3. 根据结构施工图图 3"基础平面布置图"的位置情况，按照轴线的顺序，即先竖向轴线再横向轴线，或先横向轴线再竖向轴线，在构件编号栏选取对应的构件，有定位尺寸要求的，通过修改"定位简图"方式，单击对应的轴线交点位置，就可完成各个独立基础的布置。

独立基础的布置
及定位尺寸修改

4.4　构件的选中、删除与撤销

　　初次学习布置独立基础构件时，难免会出现位置布置错误的情况，这时，按键盘的"Esc"键，退出当前状态，并用鼠标单击需要被处理的独立基础构件，再按键盘"Delete"键，就可以删除被选中的构件了。

　　需要注意的是，实体构件被选中时显示的情况与未被选中时，是不一样的。选中时，实体构件边线会变为虚线，并在这些线条上出现蓝色实点，如图 4-41 所示。

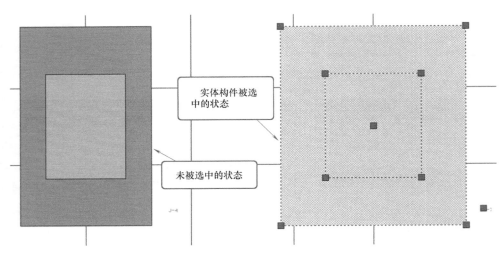

图 4-41 独立基础构件被选中与未被选中状态

构件的选中除了在"着色"状态单击整个构件外，还可单击构件的编号完成选中操作，方便在未着色的状态下快速选中构件，如图 4-42 所示。

构件的删除，对于初学者来说，是一个需要经常用到的功能，这里，务必注意构件选中时显示状态。

在构件布置时，如果布置错误，可直接单击命令栏中的 撤销(H) 按钮，撤销该操作，重新进行布置，如图 4-43 所示。

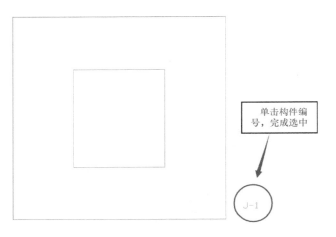

图 4-42 单击编号选中构件

包括独立基础构件在内，绝大部分构件在布置时，都在命令栏中设置了 撤销(H) 按钮，方便及时撤销错误操作。

| 单点布置<退出>或 | 角度布置(J) | 轴网交点(K) | 沿弧布置(Y) | 选柱布置(S) | 撤销(H) |

图 4-43 命令栏中"撤销"命令

此外，如果未处于构件布置状态，还可以单击 ↶ ，撤销之前的操作（见图 4-44），旁边的 ↷ 按钮，是"恢复"命令，如果撤销错误，还可单击该按钮，恢复到上一步撤销的状态。

需要注意的是，由于软件是在 CAD 平台上开发的，因此，单击 ↶ 进行命令撤销时，会连同视图放大、缩小和平

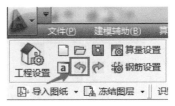

图 4-44 单击"撤销"命令

移操作也计入撤销的步骤中，在使用"撤销"命令时，需要特别留意。

4.5　构件的显示与隐藏

在独立基础的构件布置过程中，因为坑槽和垫层同时显示的关系，会十分影响观察效果，如图 4-45 所示。这里，就可以利用构件的显示与隐藏功能，隐藏垫层和坑槽。

4.5.1　同类型构件的显示与隐藏

操作 1. 单击界面上方快捷菜单栏中的 显示 按钮（见图 4-46），弹出"当前楼层构件显示"对话框。

操作 2. 在对话框中，通过勾选或取消对应选项左侧的"□"，即可实现指定类型的构件的显示与隐藏，如图 4-47 所示。

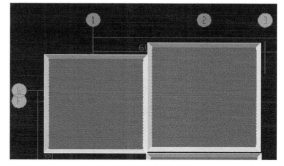

图 4-45　未隐藏坑槽和垫层的独立基础

图 4-46　单击"显示"按钮

a)

b)

图 4-47　"当前楼层构件显示"对话框

a）未调整前的对话框　b）调整后的对话框

只保留"独基"和"轴线"构件后，绘图区域中的效果将显得更加直观，如图 4-48 所示。

随着各种构件的不断创建和布置，一些毫无关联的构件就需要及时隐藏起来，避免图线干扰，方便进行其他操作，这时，显示与隐藏功能就显得十分的重要，是一个非常有用的功能。

单击 💡 显示 按钮弹出的对话框，只可进行显示或隐一种或多种类型的全部构件。有时，在布置构件时，只需要隐藏选中的构件，而其余同类型的构件仍需要保持正常显示，但采用上述操作，就无法满足这样的要求。

图 4-48　隐藏处理完毕的独立基础

4.5.2　单构件的隐藏与还原

操作 1. 单击界面上方快捷菜单栏中 💡 隐藏 按钮，如图 4-49 所示，激活该功能。

图 4-49　单击"隐藏"按钮

操作 2. 根据命令栏中的文字提示"选择要隐藏的构件"，使用单击或框选的方式选中需要隐藏的构件，再右击，则选中的构件就被隐藏了，而其他未被选中的构件仍然正常显示。

需要重新显示隐藏的构件，则单击 🔁 刷新 按钮（见图 4-50），则隐藏的构件将重新出现。

结合上述两种构件显示与隐藏的方法，将使得构件布置时，绘图区域变得尽可能的简洁，从而提高建模的效率。

图 4-50　单击"刷新"按钮

构件的删除、撤销、
显示与隐藏

> **温馨提示：**
>
> 受限于电脑的硬件配置情况，有时，需要多次单击"刷新"按钮，隐藏的构件才会重新显示。

4.6　柱构件

【参考图纸】：结构施工图图 5 "基础层~首层柱平面布置图"

根据图 3-2 所示流程图，完成独立基础布置之后，接着需要布置柱构件。

柱构件的创建和布置流程及方法与独立基础非常相似，掌握好之前的独立基础，便不难完成柱构件的各项操作。

4.6.1　柱构件的定义

单击软件界面左侧屏幕菜单栏中的 ▶ **柱体** 按钮，在展开的选项中单击 🗊 **柱体** 选项按钮，再单击在界面右侧新出现的导航器界面上方的 **编号**（见图 4-51），进入柱构件的"定义编号"对话框界面（见图 4-52）。

图 4-51　进入柱构件"定义编号"对话框界面操作

柱构件的"定义编号"对话框界面如图 4-52 所示，与独立基础构件的非常类似（见图 4-19），其操作也更为简单。

独立基础定义时，不仅需要考虑平面尺寸，还需考虑竖向尺寸，而柱构件只需要考虑平面的截面尺寸即可。如果遇到一些特殊形状截面的柱子，还可以通过单击"截面形状"输入栏，在弹出的"选取构件截面形状"对话框选择对应的即可。参照独立基础构件定义的方法，并结合结构施工图图 6"柱配筋表"，不难把所有柱构件全部创建完毕。

柱构件的参数设置

4.6.2　柱构件的布置标高

基础层的柱子是从独立基础顶开始的，因此，柱构件布置之前，需要将左侧导航器下方"当前编号属性列表栏"中"底高（mm）"一栏，通过下拉选项框改为"同基础顶"，如图 4-53 所示。

柱构件的定位尺寸调整与构件布置，与独立基础构件相同，结合结构施工图图 5"基础层~首层柱平面布置图"各个柱构件的位置，并注意定位尺寸的问题，不难完成所有柱构件的布置。

柱构件的布置

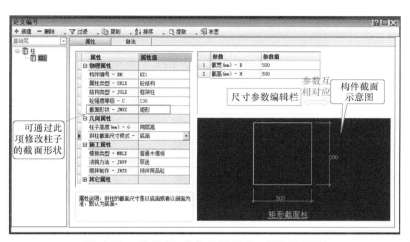

图 4-52　柱构件"定义编号"对话框界面

图 4-53　KZ-1 的底高修改

4.7 视图三维观察

柱构件布置完毕后，绘图区域中实体构件不再只有独立基础一种。对于基础层的柱构件必须坐落于独立基础，这时，可以利用软件的视图管理中各项观察功能来进行初步的检查，如图 4-54 所示。

使用"三维着色"可以将实体构件用颜色填充，并从坐标轴 225°的方向显示当前层的三维效果。

图 4-54　视图管理中的常用功能

为"平面显示"按钮，使用该功能，其三维效果的观察角度与使用"三维着色"时候相同，但实体构件没有用颜色进行填充，只有轮廓线用颜色标出，这样可以方便观察实体构件内部的情况，比如混凝土构件内的钢筋等。

为集合功能按钮，可以通过单击旁边的展开按钮，在展开的选项中进行单击，即可快速切换至对应角度的视图，如图 4-55 所示。采用这个操作进行快速切换视图，它们的实体构件均没有颜色填充，其中，"西南视图"对应的观察角度与上述的"三维着色"和"三维显示"两个操作是一致的。

此外，有时，仍需手动来调整观察角度，这时，可以单击，激活该功能。在绘图区域中鼠标光标变为如图 4-56 所示的情况，在绘图区域中，按住鼠标左键不动，上下左右平移鼠标，就可以实现观察角度的变换，从而调整至一个合适的用户观察的角度。

图 4-55　观察角度快速切换选项按钮

中集合的其他操作，很多都可以使用鼠标来进行操作，一般较少用到。而"多层组合"的操作将在后续章节结合实例工程单独进行介绍。

灵活使用视图的各项操作将可以对构件的初步检查提供极大的便利，如图 4-57 所示，观察柱子和独立基础的三维效果，就可初步判断柱子的标高是否存在问题。

图 4-56　绘图区域中变化的鼠标光标

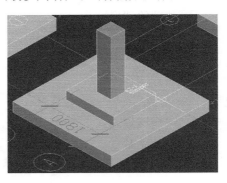

图 4-57　使用"三维着色"观察的独立基础和柱子

此外，三维观察时，还可单击选中构件，从而对选中构件完成后续的编辑。在使用 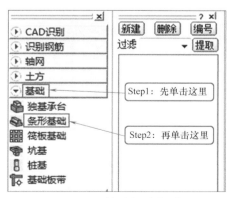 按钮进行角度旋转观察时，是无法单击选中构件的，这时，可使用 Esc 键退出旋转视图命令。

4.8　条形基础构件

【参考图纸】：结构施工图图4"地梁配筋图"

软件设置的条形基础构件分为"带形基础""基础主梁""基础次梁""地下框架梁""地下普通梁""基础连梁"和"承台梁"七种类型，如图4-58所示。不同结构类型，其钢筋构造差异较大。软件在设置构件类型名称时，只以其中一个类型的名称来代表，如创建承台和设备基础构件，需要先创建一个构件，再修改结构类型。因此，针对实际工程不同类型条形基础构件时，应确保创建构件时，其结构类型选择正确。

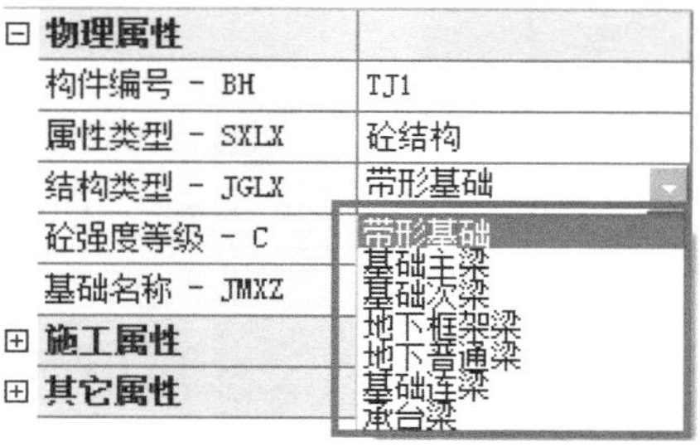

图 4-58　条形基础构件类型

根据结施图图4"地梁配筋图"，本实例工程中，地梁共分为地下框架梁（DKL）和地下普通梁（DL）。地下框架梁构件和地下普通梁构件，其实质就是埋设在地面以下的框架梁和非框架梁构件，与楼层梁构件最大的不同，就是还需要考虑铺设在构件下部的垫层。

条形基础构件创建和布置流程如图4-59所示。

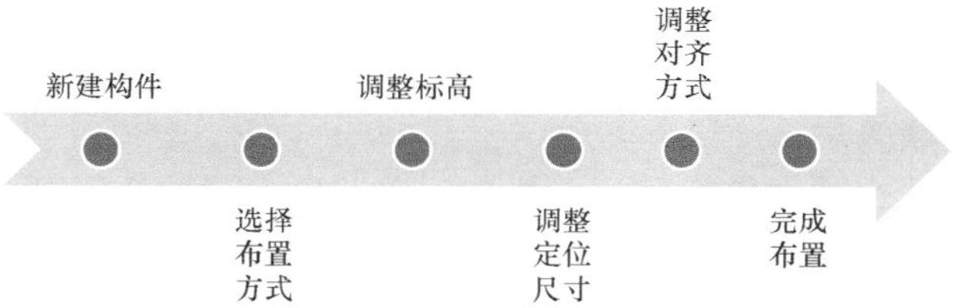

图 4-59　条形基础构件创建和布置的流程

4.8.1　条形基础的新建

条形基础构件的新建与独立基础、柱构件的新建基本相同。

操作 1. 单击软件界面左侧屏幕菜单栏中的 基础 按钮，在展开的选项中单击 条形基础 选项按钮，在界面右侧弹出"导航器"，并出现条形基础的"定义编号"对话框，如图4-60所示。

操作 2. 单击"定义编号"对话框上方的 ➕新建 按钮，软件自动创建一个名为"TJ1"的构件。

软件在"定义编号"的新建操作非常相似，具体操作可参考独立基础和柱子的情况。同样，这里也需要删除子属性"砖模"，并单击"结构类型"中下拉选项框按钮，在选项中单击选中"地下框架梁"，如图4-61所示。

图 4-60　基础梁的新建

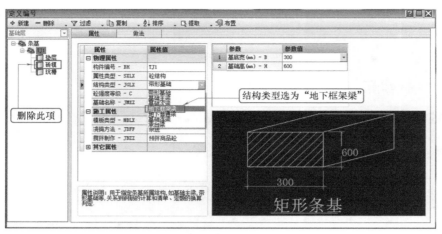

图 4-61 基础梁"定义编号"对话框

操作 3. 结构类型修改完毕后，构件名称变为"DKL1"，这里，按照实际工作的习惯，针对带有跨数的构件，名称上还需要把跨数一并添加进去，即最后按照"DKL1（3）"这样的方式完成名称的修改。

接着，只需依照结构施工图图 4"地梁配筋图"，修改对应梁体的截面尺寸，即可完成"DKL1（3）"构件的定义操作。按照这样的方式，创建完成其他基础梁构件即可。此外，需要注意的是以"DL"开头的基础梁构件，在结构类型中需要选为"地下普通梁"。

温馨提示：

在"构件编号"一栏中，手动输入"DKL"开头的构件时，在"结构类型"一栏会自动匹配为"地下框架梁"，而输入"DL"，则会自动匹配为"地下普通梁"。

4.8.2 线形构件的对齐方式和切换

条形基础属于线形构件，在布置时，与之前的点形构件"独立基础"和"柱"构件，有较大的不同。这里以"DKL1"为例讲述线形构件的对齐方式和切换。

线形构件在布置时，需要考虑与轴线或柱子的位置关系。根据轴线或柱子与梁体的位置关系，可分为居中布置、贴柱边对齐以及偏心布置三种，如图 4-62 所示。

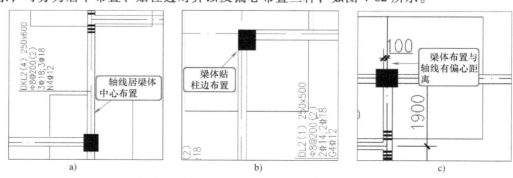

图 4-62 轴线或柱子与梁体布置的位置关系分类

a）轴线居梁体中心布置 b）梁体贴柱边布置 c）梁体与轴线有偏心距离

其中，如图 4-62a 所示，当梁体居柱子的中心线布置时，也同样适用。

针对不同的位置关系，应使用不同的操作方法。

操作 1. 单击绘图区域上方的功能菜单按钮栏中的 手动布置 按钮，激活该功能，进入梁体手动布置状态。

操作 2. 单击左侧导航器下方"定位简图"折叠按钮，展开"定位简图"，如图 4-63 所示。

鼠标移动至轴线①和Ｆ交点附近的 KZ-4 柱子附近，单击该构件左下角的端点。这时，绘图区域对应的位置会出现梁体的预览图。预览图可以方便观察，以便及时调整梁体布置的对齐情况和方向，如图 4-64 所示。

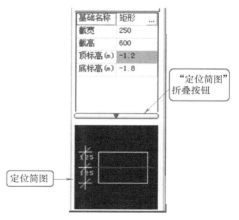

图 4-63　展开导航器的"定位简图"

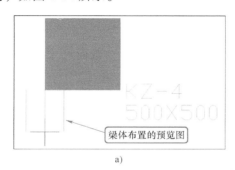

a)

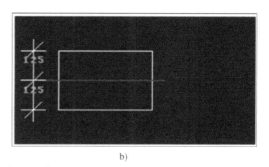

b)

图 4-64　梁体默认布置状态

a）梁体布置的预览图　b）导航器下方的定位简图

默认的布置状态，将会以单击柱子左下方的端点为中心，居中布置，这时，在图 4-64b 中，预览图中梁体的左侧标示的定位尺寸，上下均标示为"125"，说明梁体与布置点无任何距离偏差。但这种情形显然不符合图纸的实际，必须调整定位点。

操作 3. 单击键盘"Tab"键一次，绘图区域中梁体布置的预览图以及定位简图都会发生改变，如图 4-65 所示。

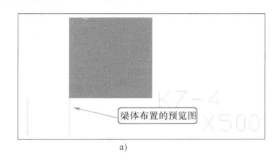

a)

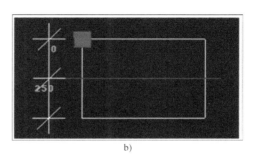

b)

图 4-65　使用"Tab"键一次发生的变化

a）梁体布置的预览图　b）导航器下方的定位简图

51

其中图 4-65a 的布置预览图中，梁体内侧边线与柱子外边对齐，而图 4-65b 中，导航器下方的定位简图也出现一个红色实心方框，提示用户出现了一个新的定位点，并且梁体的左侧标示的定位尺寸，上标示为"0"，下均标示为"250"，说明梁体布置时，沿着红色定位点这一边，贴边布置，即梁体的内侧边线与柱边对齐。

再次使用"Tab"键一次，绘图区域中梁体布置的预览图以及定位简图再次发生了改变，如图 4-66 所示。其中，在图 4-66a 的布置预览图中，梁体外侧边线与柱子外边对齐，而导航器下方的定位简图中红色实心方框定位点也发生了位置的改变，并且梁体的左侧标示的定位尺寸，上标示为"250"，下均标示为"0"，即梁体的外边线与柱边对齐，如图 4-66b 所示。

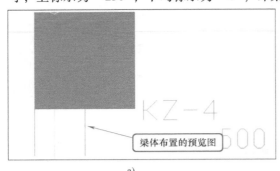

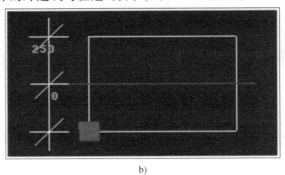

a)   b)

图 4-66　再次使用"Tab"键发生的变化

a）梁体布置的预览图　b）导航器下方的定位简图

再次使用"Tab"键，则对齐状态将回到图 4-64 的情况。最终，符合"DKL1"实际布置要求的为图 4-66 所示情况。

梁体布置时，使用"Tab"键将可以在居中布置、贴内侧边对齐、贴外侧边对齐三种状态来回切换，只需要根据切换后的预览图效果与图纸进行比对，选择最符合的即可。

此外，其中，如图 4-62a 所示，当梁体居柱子的中心线布置，而没轴线做位置参照时，也同样适用。

4.8.3　辅助线的绘制

观察结构施工图图 4"地梁配筋图"，可以发现，图中仍然有不少梁体显示的位置没有任何轴线存在，如 DL1、DL2、DL10 等（如图 4-67 的位置情况），这些构件都无法直接进行布置。

在实际工作中，利用软件采用手动布置的方法计算工程量，往往仅仅依靠图纸的标有轴号的轴网是不够的，而反复使用"修改轴网"来调整轴网又十分麻烦，因此，这里可考虑额外补充绘制辅助线。

观察图 4-67，可以发现，DL10 梁体中心线距轴线Ⓔ的距离为 2400mm。只需将这个特殊线补充绘制，就可找到 DL10 这些特殊位置梁体参考线了。

斯维尔软件是在 CAD 平台上深度开发的软件，因此，很多 CAD 快捷命令都可以适用。

操作 1. 在命令栏中用键盘手动输入"line"或"l"，再按空格键，将启用软件画直线功能。

操作 2. 在命令栏中出现提示 命令: line 指定第一点: ，这时，单击轴线Ⓔ和轴线①的交点，接着，确定开启"正交"状态（见图 4-68），将鼠标移动至轴线Ⓔ的上方（见图 4-69）。

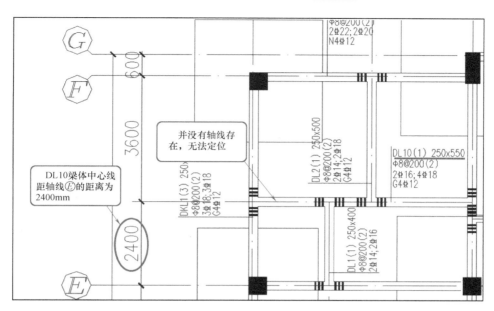

图 4-67 DL10 位置的情况

图 4-68 状态栏中 "正交" 功能处于激活状态

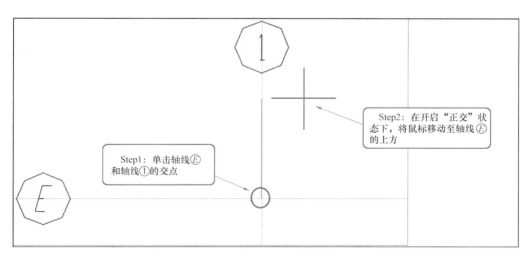

图 4-69 画辅助线

操作 3. 在命令栏中使用键盘手动输入 2400，命令栏变为 指定下一点或 〔放弃(U)〕：2400 ，这时，使用键盘回车键一次，那么，软件会以轴线Ⓔ和轴线①的交点为起点，向轴线①方向画出一条长为 2400mm 的垂直于轴线Ⓔ的直线。

操作 4. 软件仍提示 指定下一点或 放弃(U) ：，不退出该操作，接着需要画 DL10 的中心线，以刚才画出的 2400mm 的直线为终点作为新的直线的起点，画一条垂直于轴线①的直线，新的直线终点只需要延伸至轴线②的右侧即可，这样，DL10 梁体的中心线就被绘制完毕了，如图 4-70 所示。

新的直线的终点
位于轴线②右侧

图 4-70　绘制 DL10 的中心线

采用手动建模的方式，补充绘制辅助线是经常需要用到的一个操作。当确定不再需要辅助线时，可以单独选中辅助线，使用 Delete 键直接删除即可。

此外，由于绘制的辅助线不属于实体构件，在构件的显示对话框中，通过是否勾选"显示非系统实体"选项（见图 4-71），实现是否在绘图区域中进行显示。

辅助线的绘制

4.8.4　条形基础的布置标高

为方便布置，布置前先利用构件的显示与隐藏功能，只保留柱子和轴线，其余全部隐藏。

根据图纸要求（见图 4-72），地梁布置前，还需要在导航器下方修改对应的顶标高，如图4-73所示。

4.8.5　线形构件的定位尺寸

诸如条形基础、框架梁、普通梁和墙体等线形构件，同样需要考虑构件的定位尺寸问题。与之前布置独立基础和柱子有尺寸偏移时相同，基础梁的定位尺寸也需要在导航器下方的定位简图进行设置。布置时，与布置独立基础和柱子有尺寸偏移时完全相同。

需要注意，一定是在激活"手动布置"功能下，再调整待布置构件的定位尺寸，否则，调整完定位尺寸，再激活"手动布置"，则调整的定位尺寸将还原为默认。

图 4-71　勾选"显示非系统实体"

由于基础梁定位简图的方向始终不变，又因为是线形构件的缘故，在绘图区域中布置时，还需要根据选择的布置点情况，来考虑沿不同方向布置时，带来定位简图的调整问题。如布置地梁 DL5 时，如果选择从轴线Ⓖ向轴线Ⓔ布置，定位简图需要按图 4-74 调整，而如果从轴线Ⓔ向轴线Ⓖ布置，则定位简图则需要按图 4-75 调整。掌握了这样的规律，便不难解决基础梁等线形构件有尺寸偏移的时候，定位尺寸输入的问题。

地梁配筋图

注1. 未注明地梁顶标高为-0.800。
2. 除特别注明外,梁均以轴线居中定位或平齐柱边。

图 4-72　图纸中地梁标高要求

图 4-73　修改基础梁顶标高

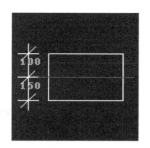

图 4-74　从Ⓖ向Ⓔ布置 DL5 的定位简图尺寸

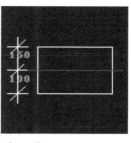

图 4-75　从Ⓔ向Ⓖ布置 DL5 的定位简图尺寸

修改完标高，再激活"手动布置"，按照梁体编号的顺序，先地下框架梁再地下普通梁，遇到没有合适的轴线位置参考的，另行绘制辅助线，并注意梁体的对齐方式和定位尺寸，不难把所有地梁构件全部布置完毕。

4.8.6　条形基础的跨号显示

布置上去的地梁构件，除在梁体上方显示该构件的构件名称外，在下方还会有其他显示。这里，以"DKL1"为例进行说明。

为方便观察，将"DKL1"进行了一定角度的旋转。如图 4-76 所示，在梁体上方，显示的为用户自行设定的构件编号和名称，与之前独立基础和柱子构件所不同的是，梁体构件在每跨梁体的上方均显示对应的构件编号和名称。此外，在梁体下方，则是按顺序分别显示为"1""2""3"，这些数字代表梁体对应的跨数顺序号（简称跨号）。梁体编号的跨数与布置的构件的跨号是一一对应的。

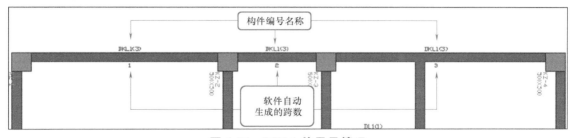

图 4-76　DKL1 的显示情况

本实例工程中，地梁构件不存在端部外伸的情况，在布置时，只需确保梁体显示的跨号与图纸实际标示的一致即可。如果因为操作失误，布置出来的基础梁的跨数与实际图纸不符时，可直接删除该构件，重新进行布置。

完成基础层的地梁构件布置后，基础层的混凝土构件就全部完成了。

条形基础
的布置

4.8.7 线形构件的选中注意事项

诸如条形基础、楼层梁以及墙体等线形构件，往往分成几跨或几段进行布置，有时，因为操作的需要，需要单独选中这些构件的其中一段或其中一跨，方便进行后续的操作。这时，可单击状态栏上的 **组合开关** 按钮，使之处于关闭状态，这样，就可以单独选中这些构件的其中一段了，如图 4-77 所示。

| 着色 | 填充 | 正交 | 极轴 | 对象捕捉 | 对象追踪 | 钢筋开关 | 钢筋线条 | 组合开关 | 底图开关 | 轴网上锁 | 轴网开关 |

图 4-77　线形构件的"组合开关"

"组合开关"处于激活状态时，则只能选中完整的线形构件；"组合开关"处于关闭状态时，就可以选中其中任意一段或几段，是深度编辑线形构件时经常需要用到的功能。

第5章

首层混凝土构件计算

接着，处理首层混凝土构件的工程量。首先将楼层切换至首层，如图 5-1 所示。

图 5-1　切换楼层至首层

5.1　首层柱的布置

首层柱子的布置方法与基础层是完全相同的，仔细观察施工图会发现，首层柱的位置和编号与基础层柱子的位置完全相同。此外，根据柱配筋表，从基础顶至 3.900m 标高位置，柱子的截面没有发生任何变化。因此，在这里，除了采用基础层的柱构件创建和布置方法外，还可以使用"拷贝楼层"的方法，完成首层柱子的布置。

参照之前拷贝楼层的方法完成柱构件在首层复制操作。需要注意的是，"楼层复制"的源楼层默认为当前楼层，即首层，这里，需要将其切换成"基础层"，再在构件类型只选中"柱"，目标楼层只选为"首层"，就可完成基础层柱子复制到首层的操作，如图 5-2 所示。

图 5-2　基础层的柱子拷贝操作

5.2 已布置的实体构件的属性修改——属性查询

从基础层复制布置的首层柱子，虽然位置和编号无误，但因为属性也完全复制了基础层柱子的，在绘图区域中，会出现"与下层位置重复"的错误提示，如图 5-3 所示。

基础层的柱子在柱构件布置时，已将导航器下方属性栏中"底高（mm）"改为"同基础顶"，因此，柱子复制到首层后，也沿用了"同基础顶"完全相同的属性设置，就造成基础层和首层的柱子出现了位置重复的问题。

需要注意的是，已经在绘图区域布置的构件，无法通过修改导航器下方属性栏"底高（mm）"来实现（见图 5-4），导航器下方属性栏的修改只对将要布置的构件有效，而对已布置完成的构件无效。

截面形状	矩形
截宽	500
截高	500
底高(mm)	同层底
高度(mm)	同层高
支模起点高(mm)	同柱底

图 5-3　首层柱子拷贝　　　　　　　图 5-4　修改导航器属性栏无法对
　　　复制后的错误提示　　　　　　　　　已布置的构件产生效用

5.2.1 属性查询

操作 1. 单击快捷菜单栏中"属性查询"按钮，激活该功能，如图 5-5 所示。

图 5-5　单击"属性查询"

操作 2. 直接使用鼠标拉框选中首层的全部柱构件，再右击，弹出"构件查询"对话框，如图 5-6 所示。

操作时，在首层中除轴网外，只有柱构件存在，因此，直接框选十分方便。

操作 3. 在弹出的对话框中，将"底高度（mm）"通过下拉选项框修改为"同层底"，再单击右下方 确定 按钮。这样，"与下层位置重复"的错误提示就会消失。

温馨提示：

若修改完底高度为"同层底"，错误提示仍不消失，可单击 刷新 按钮，刷新绘图区域显示效果。

5.2.2 批量选择

当存在多种类型构件时，比如柱子和梁都已布置，直接采用框选方式就无法快速的全部

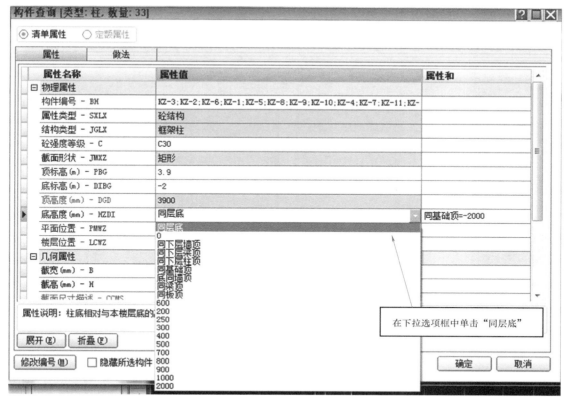

图 5-6 "属性查询"中修改"底高度（mm）"

选中柱构件，这时，可以利用同类型的构件显示与隐藏功能，只保留显示柱构件，激活"属性查询"功能，再框选所有的构件，右击，同样能进入"构件查询"对话框完成对应修改。

此外，进入"构件查询"对话框，还可采用先单击选中对应的构件，再单击"属性查询"，激活该功能后，最后再右击的方式。

单击选中或框选方式修改选中的构件属性也存在一定缺点，必须在绘图区域中显示对应的构件，频繁调用"构件显示"功能，会耗费不少操作时间。这时，可利用软件的"批量选择"快速选取对应的构件，进而完成后续的操作。

图 5-7 单击"选择"按钮

操作 1. 单击界面上方快捷菜单栏中 选择 按钮（见图 5-7），弹出"批量选择"对话框。

操作 2. 在"批量选择"对话框中，勾选"柱"构件，再单击 确定 按钮，如图 5-8a 所示。这样，首层中所有的柱构件将被选中，进而可以进行"属性查询"等相关后续操作。

此外，单击"柱"构件左侧 展开按钮，则布置完毕的所有编号

首层柱构件的布置

柱构件都会展开（见图 5-8b），可通过勾选其中任一编号构件，一次性全部选中当前楼层内所有的该编号名称的构件，进而方便进行后续处理。

使用"批量选择"功能，在绘图区域中待选中的构件无须处于显示状态。灵活使用这一功能，将极大提高批量处理的操作。

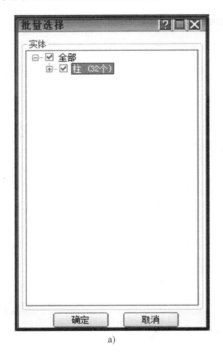
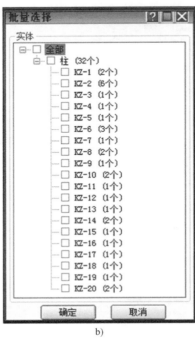

a)   b)

图 5-8 "批量选择"对话框

a）全选所有柱构件 b）展开的柱构件列表

5.3 首层梁

【**参考图纸**】：结构施工图图 9 "一层梁配筋图"

接着需要完成首层梁的定义和布置。楼层框架梁和普通梁的定义和布置操作与基础层的地梁几乎完全相同，因此，这里很多操作都可以参照之前地梁的操作。

5.3.1 首层梁的定义

操作 1. 单击软件界面左侧屏幕菜单栏中的 ▶梁体 按钮，在展开的选项中单击 ◇ 梁体 选项按钮（见图 5-9），在界面右侧会弹出对应梁体的"导航器"，并同时弹出梁体的"定义编号"对话框界面。

操作 2. 在梁体"定义编号"对话框界面中，通过单击对话框左上角 ✚ 新建 按钮，可进行梁体的新建。

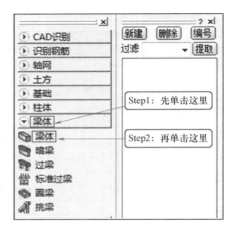

**图 5-9 进入梁体"定义
编号"界面操作**

结构施工图图 9 "一层梁配筋图"的梁体共分为框架梁和普通梁两种,根据梁体的编号名称,"KL"开头的梁的结构类型保持默认选为"框架梁",而"L"开头的梁的结构类型通过下拉选项框选为"普通梁",再依照施工图完成各个梁体的截面尺寸修改即可,如图 5-10 所示。

结合之前地梁的创建方法,不难完成构件的新建工作,并且首层梁也不需要设置垫层和坑槽等子属性,因此,完成首层梁的构件的新建和定义也将更加快捷和高效。需要注意的是,KL12 是一端带有悬挑的梁,在编号定义时,也只需按照图 5-11 所示修改成对应的"KL12(1A)"即可。

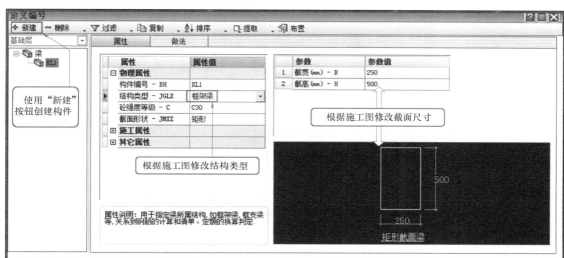

图 5-10 梁体"定义编号"设置

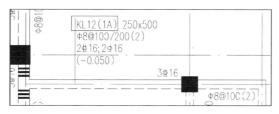

图 5-11 一端带有悬挑的梁体"KL12(1A)"

梁体的定义

5.3.2 首层梁的布置

首层梁的布置与地梁完全相同,利用构件显示与隐藏只显示柱子和轴线,按照梁体编号的顺序先框架梁再普通梁,遇到没有合适的轴线位置参考的,另行绘制辅助线,注意梁体的对齐方式和定位尺寸,不难完成首层梁的布置。

需要注意的是,在布置 KL8、KL12 和 L9 时,梁顶高需要下沉 0.050m 即 50mm,因此,在完成布置前,需要在导航器下方的"梁顶高(mm)"一栏中改为"同层高-50",如图 5-12 所示。

梁体布置及
跨段组合

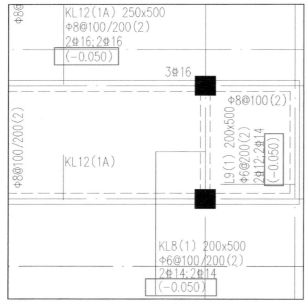

图 5-12　KL8、KL12 和 L9 梁顶高的下沉及修改

温馨提示：

　　如果已经布置完毕 KL8、KL12 和 L9，但布置之前并未及时修改导航器下方的属性"梁顶高（mm）"，也可以利用"5.2 构件查询"的方法，分别单独选中 KL8、KL12 和 L9 这三种构件，在"构件查询"对话框中，"梁顶高（mm）"修改为"同层高−50"

如 | 梁顶高(mm) − LDG | 同层高−50 | 。

5.3.3　楼层梁悬挑端的跨数显示

　　布置完首层梁后，观察 KL12（1A）的跨数的显示情况，可以发现，在它的悬挑端下方跨号显示为"100"如图 5-13 所示。

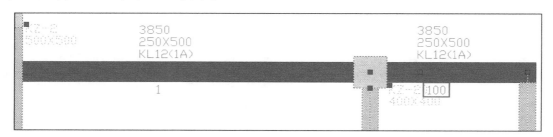

图 5-13　KL12（1A）悬挑端的跨数显示

　　这里的"100"并不代表该梁有 100 个跨段。软件针对带有悬挑端或外伸的梁体，如果是在梁体末端有悬挑或外伸，则对应的下方的跨数显示为"100"，表示梁体的终点有悬挑或外伸；而在梁体的起点端有悬挑或外伸时，则对应的下方的跨数显示为"−100"，表示梁体在起点有悬挑或外伸。掌握这些软件的特点，不难完成梁体构件的正确操作。

5.3.4　框架梁的自动断跨

布置完梁体构件后，观察发现，KL11（4）的跨数与软件生成的跨号并不一致，如图5-14所示。

框架梁跨数的自动划分，软件是根据布置时的支座来进行判断的。当框架梁的支座为柱时，软件能直接依据柱子与柱子之间的间距来划分跨数。但 KL11（4）的第 1 跨与第 2 跨的起点位置的支座均是其他框架梁（分别是 KL3 和 KL4），

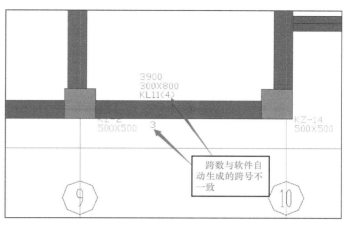

图 5-14　跨数与软件自动生成的跨号不一致

直到第 2 跨终点位置的支座才是柱子。对于支座为其他框架梁时，该框架梁支座需要满足一定的尺寸要求，软件才能自动断跨。否则，软件无法自动断跨，造成跨号与跨数不一致误，如图 5-15 所示。

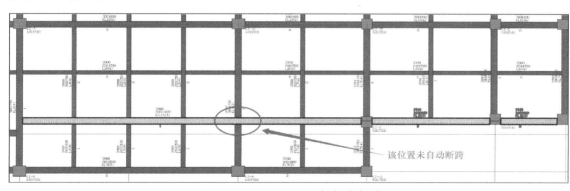

图 5-15　KL11（4）未自动断跨

5.3.5　梁体的跨段编辑

<u>操作 1.</u> 单击黑色绘图区域上方的功能菜单按钮栏中的 ▄▄ **梁跨编辑** ，激活该命令，如图 5-16 所示。

<u>操作 2.</u> 在弹出的"跨段组合"对话框中，单击"断开跨"左侧"◯"按钮，启用该功能，如图 5-17 所示。

图 5-16　单击"梁跨编辑"

图 5-17　启用"断开跨"功能

63

操作 3. 不关闭"跨段组合"对话框情况下，利用鼠标调整合适的视图，单击 KL11（4）与 KL4 相交的位置，需要注意的是，在单击之前，应保证鼠标移动至 KL11（4）梁体位置（鼠标放置时的梁体颜色较淡，且整个梁体构件都会显示这种颜色），且该位置不得超过 KL4 的梁体边线，如图 5-18 所示。

图 5-18　鼠标移动到的位置

这样，以单击的位置为起点，软件将会重新断跨，这时，软件自动生成的跨号与梁体的跨数就保持一致了如图 5-19 所示。

而在图 5-17 中，"合并跨"则与"断开跨"功能正好相反，启用时，单击同一梁体相邻的跨，则可将其选中的跨进行合并。一般正常布置梁体时，通常不会用到"重组跨"功能。

图 5-19　"断开跨"处理后的 KL11（4）

5.4　首层板

【参考图纸】：结构施工图图 10"一层板配筋图"

按照流程图，接着布置首层的板构件。

板体构件属于面形构件，无需调整定位尺寸或对齐方式，其布置较为简单，其创建和布置操作流程如图 5-20 所示。

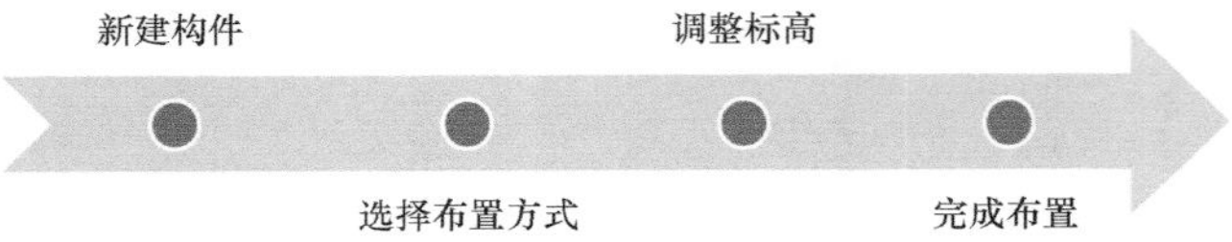

新建构件　　　　　调整标高

选择布置方式　　　　完成布置

图 5-20　板体构件创建布置流程

5.4.1　首层现浇板的定义

操作 1. 单击软件界面左侧屏幕菜单栏中的 ▶板体 按钮，在展开的选项中单击 现浇板 选项按钮，在界面右侧会弹出对应的"导航器"，再单击导航器界面上方的 编号 （见图 5-21），进入现浇板的"定义编号"对话框界面。

在实例图纸一层板配筋图中，除注释有"未注明厚 100"关于现浇板板厚的说明外，其余均没有额外的标示和说明，如图 5-22 所示。因此，首层的现浇板的厚度为 100mm。

在"定义编号"对话框中，软件已自动创建一个名为"LB1"，厚度为 100mm 的构件。现浇板构件是以厚度进行区分的，因此，需要创建的构件数量上要远远少于其他类型的构件。

操作 2. 根据实际情况，创建一个与厚度对应的名称。如厚度为 100mm 的现浇板，创建的构件编号名称为"LB100"；厚度为 150mm 的现浇板，则与之对应的名称为"LB150"。

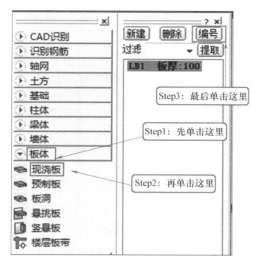

图 5-21　进入"现浇板"定义编号界面

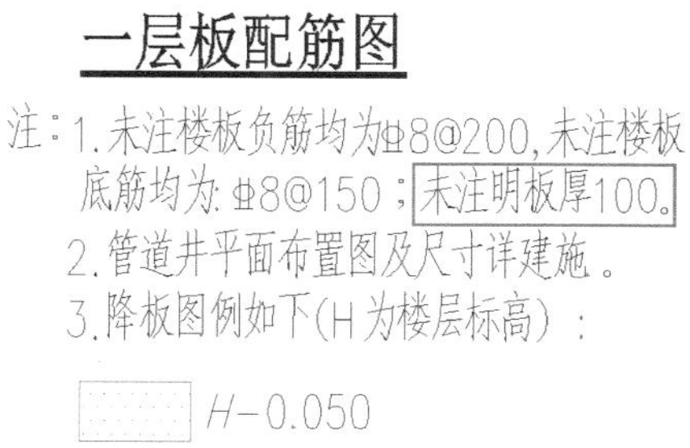

一层板配筋图

注: 1.未注楼板负筋均为Φ8@200,未注楼板
底筋均为: Φ8@150 ; 未注明板厚100。
2.管道井平面布置图及尺寸详建施。
3.降板图例如下(H 为楼层标高) :

H−0.050

图 5-22　实例图纸中关于现浇板的设计要求

最终，实例工程的构件编号名称按图 5-23 所示创建即可。

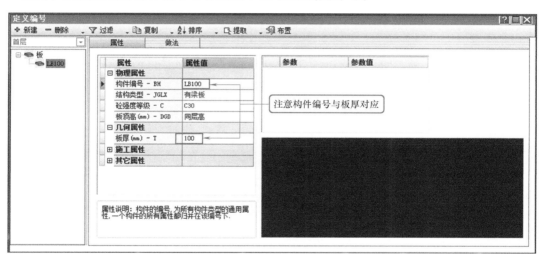

图 5-23　现浇板构件的定义

5.4.2　首层现浇板的布置

现浇板的布置，主要使用 智能布置 中的 点选内部生成 进行布置。

单击 智能布置 按钮，默认启用的功能为"点选内部生成"，如图 5-24 所示。若想启用其他的功能，可以单击 智能布置 右侧的 ▾ 按钮，在展开的选项中进行单击选中，那么下次单击 智能布置 按钮，就将启用之前调整的功能。

现浇板布置前，还需利用构件显示与隐藏功能，只保留显示首层的柱子和梁体构件，其余包括轴线全部隐藏。

操作 1. 单击 智能布置 按钮，激活"点选内部生成"。

操作2. 再分别选中每一个柱子与梁体或梁与梁形成的封闭空白区域，就可以将现浇板构件布置上去（见图5-25）。

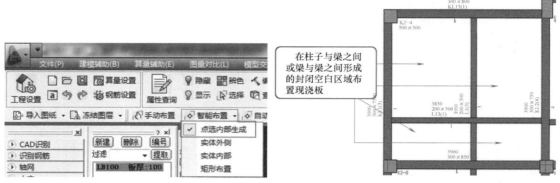

图5-24 "智能布置"中的"点选内部生成"

图5-25 点中闭合的空白区域布置现浇板

已布置的现浇板，还需根据图纸中板块的划分情况来进行调整。根据平法图集的要求，板块是依照受力筋的情况进行划分的。在实例施工图"一层板配筋图"中，根据现浇板的受力筋情况，每一个板块均是按照柱子与梁体或梁与梁之间所围成的封闭区域进行划分的，并未出现需要合并的板体情况，因此，实例工程中的首层现浇板无需进行额外的调整。需要注意的是，标注有 ▨▨▨ 的区域，需要下沉0.050m，即50mm（见图5-22），参照首层柱或首层梁布置的方法，不难完成。此外，在楼梯间和电梯井的位置是不能布置板的。

 66

5.4.3 现浇板的自动布置

由于首层的现浇板布置的特点非常明确，即每一个单独的封闭区域为一个现浇板（楼梯井和电梯井不布置板除外），且每个现浇板的厚度都是一致的。这时，可以使用"自动布置"功能，快速完成板体的布置。

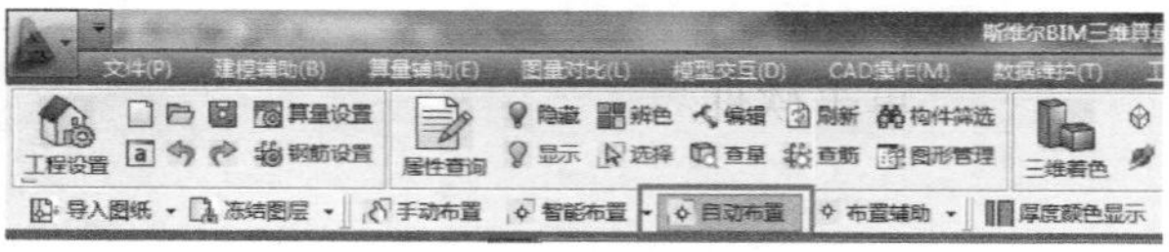

图5-26 现浇板的"自动布置"

操作1. 单击 ⊕自动布置 按钮（见图5-26），会弹出"自动布置板体"对话框（见图5-27）。在对话框中，边界条件默认设置已经是柱和梁，无须再作其他调整。

操作2. 单击对话框下方的 自动布置 按钮，完成布置操作。

软件将在每个柱与梁或梁与梁之间形成的闭合的空白区域，分别布置上一个板厚为100mm的LB100现浇板。

接着，单独选中楼梯间和电梯井位置的板体，使用键盘"Delete"键删除即可。需要下沉的板体，利用之前的属性查询的方法，选中需要调整的板体，在"构件查询"对话框中，

图5-27 "自动布置板体"对话框

将"板顶高（mm）"修改为"同层高–50"即可，如图 5-28 所示。这样，就完成了首层的混凝土构件的布置。

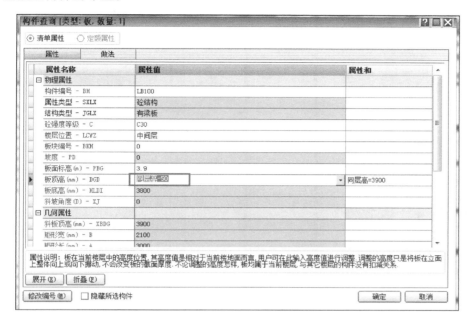

图 5-28　板体的属性修改

板体的布置

67

5.5　多层组合

完成了首层的混凝土构件后，可以利用软件多层组合功能，来观察首层与基础层的结合情况和效果。

操作 1. 单击软件界面上方 多层组合 按钮（见图 5-29），弹出"楼层和构件显示"对话框（见图 5-30a）。

图 5-29　单击"多层组合"按钮

在弹出的对话框中，主要分为"显示的楼层"和"构件显示"两个选项栏。

操作 2. 在"显示的楼层"中默认勾选的是全部的楼层，由于只进行首层和基础层两层混凝土构件的布置，这里，只需勾选"首层"和"基础层"即可。

操作 3. 在"构件显示"中默认勾选的是"建筑"和"结构"两大类构件，由于基础层存在独立基础和条形基础，同时，为避免沟槽和垫层的观察影响，因此，在"基础"展开选项中，只勾选"条基"和"独基"，如图 5-30b 所示。

操作 4. 单击 应用显示 按钮，对话框自动退出。

在软件的绘图区域中，会出现首层和基础层组合的三维效果图，但实体并没有被填

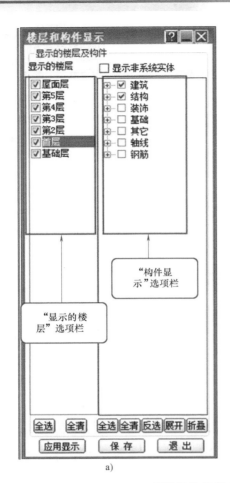

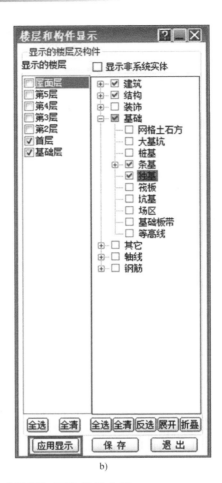

a)   b)

图 5-30 "楼层和构件显示"对话框打开和设置完毕

a）弹出的"楼层和构件显示"对话框　b）设置完毕的"楼层和构件显示"对话框

充颜色，仍然是透明的，只有边界的轮廓线存在颜色，这非常不利于观察，如图 5-31 所示。

单击 按钮，这时，实体构件将被填充颜色，如图 5-32 所示。使用"多层组合"观察多个楼层组合的效果，务必进行着色填充。

此外，还可以单击 模型旋转按钮，调整观察角度，利用鼠标滚轮放大或缩小等操作，对任一区域进行观察。

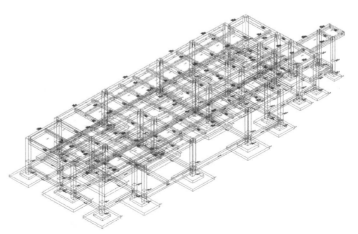

图 5-31 多层组合的首层和基础层

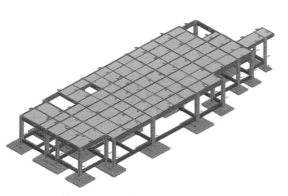

图 5-32　使用"三维着色"后的首层和基础层

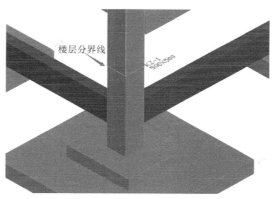

图 5-33　柱子的楼层分界线

首层和基础层之间的柱子是两层中的跨楼层构件，观察发现，柱构件中间有条分界线，该分界线为首层和基础层之间的楼层分界线，如图 5-33 所示。

退出"多层组合"观察状态，可单击"楼层和构件显示"对话框下方的 退出 按钮即可，如图 5-30 所示。若在启用"多层组合"观察时，使用模型旋转调整过视图角度，则在单击 退出 按钮会弹出"是否将改动保存"对话框，如图 5-34 所示。

图 5-34　"是否将改动保存"对话框

软件是利用 AutoCAD 软件三维绘制的功能创建多层组合模型的，因此，调整观察角度，就会出现是否将改动保存的提示。在"多层组合"状态中，一般只是进行观察，并未对构件进行实质的修改，因此，这里单击"是"或"否"，都对后续操作没有影响。

> 温馨提示：
>
> 　　使用"多层组合"功能，对于使用电脑的显卡有一定的要求，可能会因为显卡配置原因或是驱动问题，造成程序报错，直接关闭。因此，使用该功能时，务必先保存文件。

第6章

其余楼层混凝土构件计算

接着，将楼层切换至第 2 层，如图 6-1 所示。

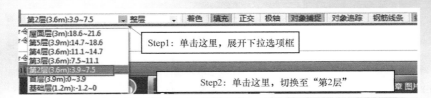

图 6-1　切换楼层至第 2 层

按照图 3-2 所示流程图的顺序，首先完成第 2 层柱构件的布置。

6.1　其余楼层的柱构件处理——编号复制

根据实例工程结构施工图图 6 "二~四层柱平面布置图" 和结构施工图图 8 "柱配筋表"，由于从第 2 层开始，柱子的截面发生了较大变化，并且柱子布置的位置发生了一定的改变，因此，从第 2 层开始不可采用 "拷贝楼层" 的方法直接从别的楼层复制构件进行布置。

如图 6-2 所示，KZ-4 是采用 "拷贝楼层" 的方法从首层复制过来的，并且根据柱配筋表，在 "定义编号" 对话框中，修改了它的截面尺寸，但它的定位尺寸仍与实际情况不符。从第 2 层开始，在处理柱子构件时，应仔细比对柱配筋表中的柱子是否发生了截面变化，柱平面图中的位置是否改变。当确定这两者都没有变化时，才可以使用 "拷贝楼层" 的方法，否则，应按照处理基础层柱子的步骤，先定义创建构件，再按图纸的柱子位置进行布置。

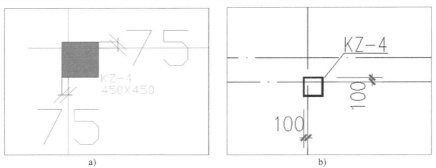

图 6-2　第 2 层中 KZ-4 布置的软件效果和在图纸中的实际情况

a）KZ-4 软件布置效果　b）KZ-4 在实例图纸中的实际显示情况

按照之前处理基础层柱子的方法，先进入柱子"定义编号"界面，如图 6-3 所示。

尽管无法使用"拷贝楼层"的方法直接布置第 2 层的柱构件，但实例图纸中柱子的编号始终不变，这里，可以利用软件复制编号的功能完成柱子构件编号的创建，从而节省一定的操作时间。

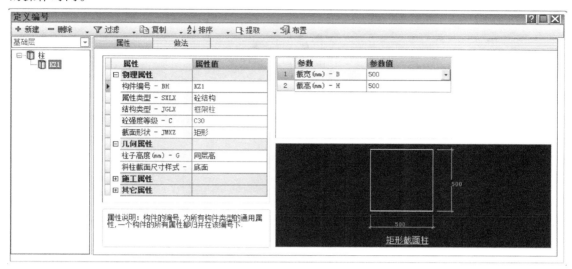

图 6-3　处理第 2 层柱子时，"定义编号"的界面

操作 1. 删除默认创建的"KZ1"构件，再进入复制编号的操作界面。按照图 6-4 所示的方法，就可进入复制编号的操作界面了。

图 6-4　删除默认柱构件进入"复制编号"操作界面

这时，弹出"楼层间编号复制"对话框，如图 6-5 所示。由于默认楼层为当前楼层，即第 2 层，在编号列表中为空白内容，因此，需要调整"源楼层"。

操作 2. 单击"源楼层"和"目标楼层"的 或 ⋯ 按钮，将"源楼层"调整为"首层"，"目标楼层"调整为"第 2 层"即可。

这时，"编号列表"中出现首层所有的柱构件，默认的勾选状态为全选，这里，需要复制全部的首层柱构件编号到第 2 层，因此，编号列表不作任何调整，如图 6-6 所示。

操作 3. 单击下方 确定 按钮，完成操作。

这时，在左侧构件列表一栏就会出现复制的构件，其界面尺寸与首层完全相同，如图 6-7 所示。

图 6-5 "楼层间编号复制"对话框

图 6-6 调整完毕的"楼层间编号复制"对话框

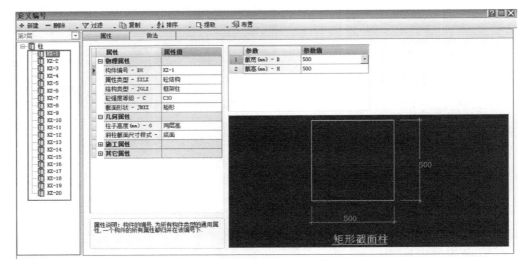

图 6-7 新出现的构件编号

再根据结构施工图图 8 "柱配筋表"的要求，注意各柱子的截面变化，修改各个柱子的尺寸即可。

复制编号的操作与拷贝楼层最大的不同，是在绘图区域中不会布置实体构件，而只在构件列表复制源楼层中所勾选的构件。

结合基础层、首层和二层的柱构件的操作方法，并根据柱配筋表和各楼层的柱平面布置图，不难完成本实例工程中其他楼层的柱构件的布置操作。

构件编号复制

6.2 其余楼层的梁构件处理

其余楼层的梁构件的处理方法与首层相同，只需注意梁体的跨号与图纸中梁体对应的情况以及部分梁体存在标高调整的情形即可，这里，就不再重复进行说明了。

6.3 其余楼层的板构件处理——合并板体

【参考图纸】：结构施工图图 16 "四层板配筋图"

其余楼层的板构件的处理方法与首层相同。需要注意的是，实例工程中并非所有现浇板的厚度都是 100mm，比如在"四层板配筋图"中，电梯间机房位置的现浇板为 150mm 厚（如图 6-8 中椭圆线标示的位置）。

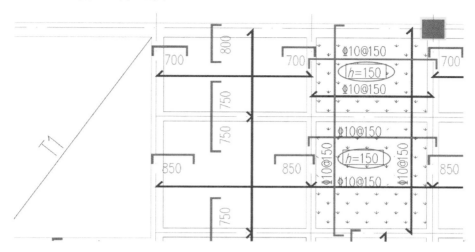

图 6-8　电梯间机房位置的现浇板厚

在创建这些现浇板构件编号时，仍需要注意编号名称与板厚的对应关系。如板厚为 150mm 的现浇板构件，其构件编号名称修改为"LB150"，下方对应的板厚数据修改为"150"即可，如图 6-9 所示。

观察发现，在该电梯间的现浇板中，Y 方向的受力筋跨过了中间的梁体，覆盖了上下两个板体的范围，如图 6-9 所示。根据平法图集规则，板块根据受力筋的范围来划分，因此，需要将该受力筋覆盖的上下两块板体进行合并。

操作 1. 采用布置首层现浇板构件创建和布置的方法，布置上下两块板体。

操作 2. 单击上方功能菜单按钮

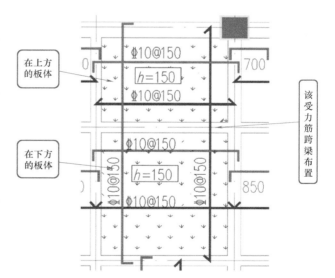

图 6-9　四层电梯间现浇板的受力钢筋跨梁布置

73

栏中的 ![板体调整] 旁边的 ▼ 按钮，在展开的选项中单击 ![合并拆分] 按钮，激活该功能，如图 6-10 所示。

这时，出现"板体合并与拆分"选项框，且第一项"点选板合并"为灰色状态，表示当前选项功能启用该选项，一般按该默认选项即可，如图 6-11 所示。

操作 3. 依次单击在上方的板体和在下方的板体，（如图 6-12 所示，上下两块板体被中间的梁体分成独立的两块），这样上下两个板体就被合并成一个板块了（如图 6-13 所示，中

图 6-10　单击"合并拆分"按钮

间的梁体被上下两块板体合并的板块覆盖住）。

在板体布置时，注意受力筋的分布范围，区分板块是否合并，不难完成板体的合并操作。

图 6-11　"板体合并与拆分"选项框

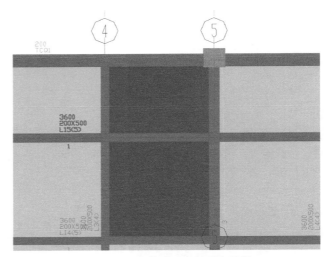

图 6-12　合并前上下两块板体

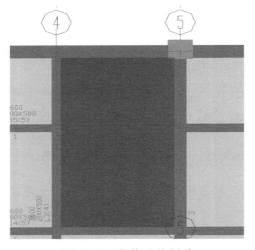

图 6-13　合并后的板块

板体的合
并处理

6.4　楼梯工程

【参考图纸】：结构施工图图 19 "T1 楼梯结施图"

根据图 3-2 所示流程图，除了楼梯工程外，房屋各楼层中主要的混凝土构件都已被创建并布置完毕。

首先，将楼层切换至首层，先进行第一层 T1 楼梯间位置的楼梯的新建和布置。

6.4.1　楼梯的定义

一般建筑物的楼梯为双跑楼梯（即双梯段楼梯）。斯维尔 BIM 三维算量软件将楼梯分为上下梯段、梯梁、平台板以及梯柱四大部分，其中，梯梁根据所处的位置，还可细分为梯口梁、平台梁以及平台口梁，如图 6-14 所示。

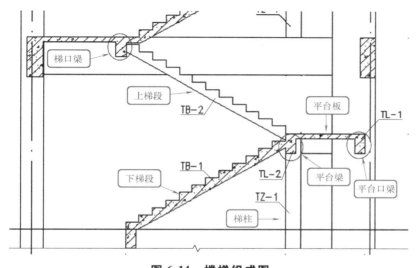

图 6-14　楼梯组成图

图 6-15　单击"楼梯"按钮

基于楼梯组成的复杂性，软件在设置时，采用若干构件组合完成的方式来解决楼梯布置的问题。只需将楼梯的各个部分对应的构件先定义设置完毕，再利用楼梯的组合功能，就可以进行楼梯整体构件的布置操作。需要注意的是，由于梯柱的起止位置往往需要根据设计要求单独进行设置，因此，软件没有将梯柱组合到整体楼梯当中，需要另行布置。

操作 1. 单击左侧屏幕菜单栏中 ▶ **楼梯** 按钮，在展开的选项中单击 **楼梯** 按钮（见图 6-15）。

软件弹出楼梯"定义编号"对话框，如图 6-16 所示，由于未进行任何操作，对话框内暂时无任何数据。

操作 2. 单击对话框上方 ➕ **新建** 按钮（如图 6-16 所示的方框），将在楼梯下方创建一个名为"LT1"的构件。该构件就是可用于组合梯段、梯梁以及平台板的楼梯构件，默认创建的名称为"LT1"，由于尚未进行设置各个构件的组合，右侧属性栏中很多数据都是空白的，或者为默认数字，如图 6-17 所示。

需要先将"LT1"以下的构件类型"梯段""梁""板""扶手"和"栏杆"，分别创建

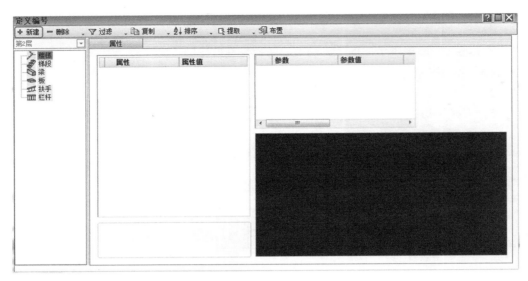

图 6-16　楼梯"定义编号"对话框

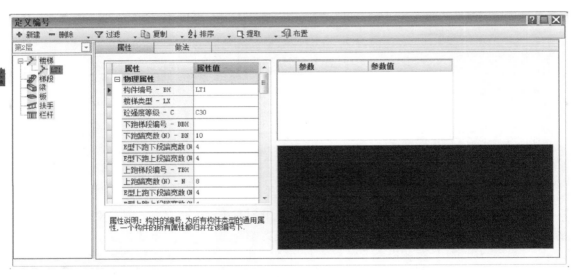

图 6-17　刚被创建的"LT1"构件对话框

各自的构件，才能进行楼梯的构件组合。

操作 3. 按照上下顺序，单击 梯段，再单击上方 新建 按钮，软件自动创建一个名为"AT1"的梯段，并在右下方出现对应的缩略图，如图 6-18 所示。

操作 4. 单击右边属性列表中，结构类型一栏中"A 型梯段"旁边的 下拉选项框按钮，这时，软件弹出楼梯截面形状对话框，如图 6-19 所示。

除"扭板螺旋式""旋转悬板式"和"翼板楼梯"外，其余 A、B、C、D、E 型楼梯均按照平法图集中现浇混凝土板式楼梯的 AT、BT、CT、DT、ET 型楼梯进行设置。梯段的形状需要根据设计图中梯段的样式进行具体选择，由于 A、B、C、D、E 型梯段的特点很明

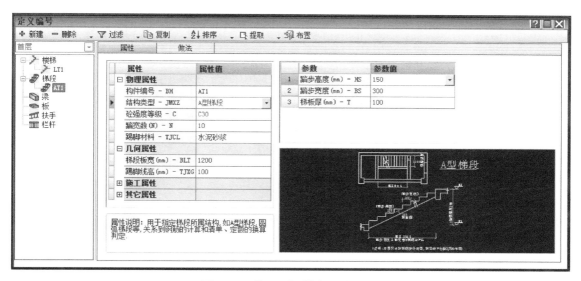

图 6-18 "AT1"梯段默认属性

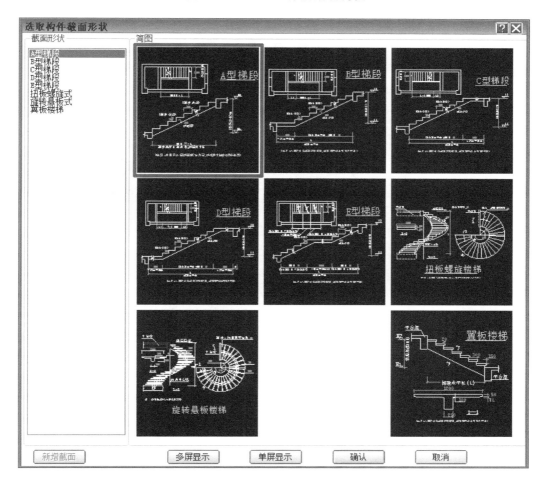

图 6-19 "选取构件截面形状"对话框

显，只需依照图纸进行对应的选取即可。

结合 TB-1 的图纸情况，如图 6-20 和图 6-21 所示，该梯段为 A 型梯段，踏步数为 12，踏步高为 260mm，踏步宽为 150mm，梯段板宽为 1500mm。

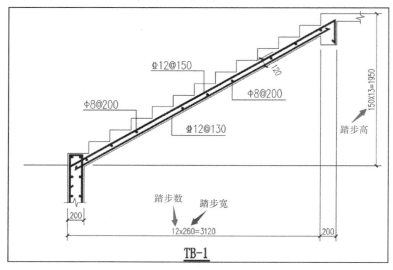

图 6-20　TB-1 的图纸尺寸和样式

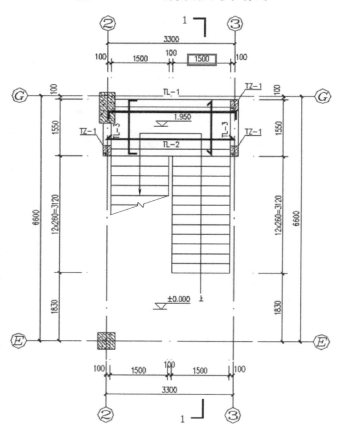

图 6-21　T1 楼梯一层平面图

操作 5. 将构件编号名称修改为"TB1",并结合之前独立基础创建的方法,修改完成对应的数据即可,如图 6-22 所示。

操作 6. 按照同样的方法,根据图 6-23 所示完成 TB-2 的属性设置,如图 6-24 所示。

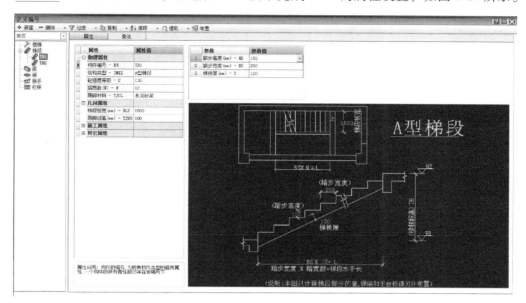

图 6-22 创建完毕的 TB-1 梯段

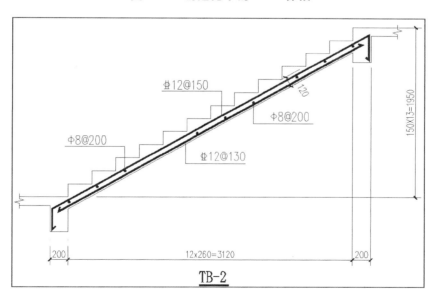

图 6-23 TB-2 的图纸尺寸和样式

操作 7. 参照上述操作,依次单击"梁""板""扶手"和"栏杆"等选项,分别进行新建和设置即可,如图 6-25 所示。

其中,梁、板的新建和参数设置方法与之前的框架梁和现浇板相同,只需要根据图纸中的梯梁截面尺寸和板的厚度的要求依次进行设置即可如图 6-26 和图 6-27 所示。

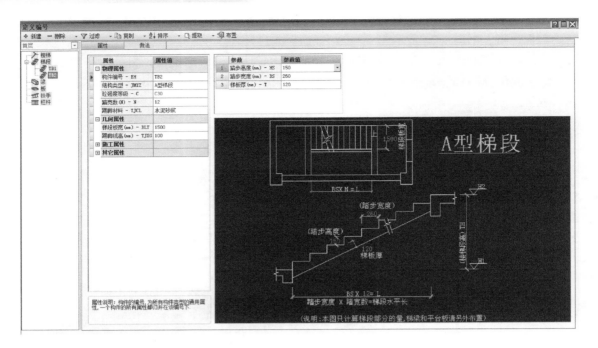

图 6-24 创建完毕的 TB-2 梯段

还需注意的是，梯梁和平台板都各自共用了梁体和现浇板的构件列表界面，如图 6-28 所示，在编辑时，需要先单击选中对应的编号构件。

操作 8. 根据图 6-29 中的要求，完成扶手和栏杆的设置即可，如图 6-30 和图 6-31 所示。

这样，整体楼梯需要组合的各个构件就已被全部创建完毕了。

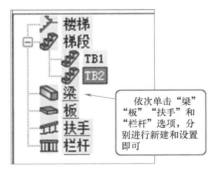

依次单击"梁""板""扶手"和"栏杆"选项，分别进行新建和设置即可

图 6-25 余下的操作

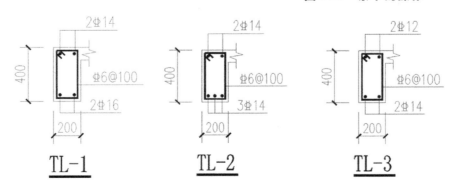

图 6-26 图纸中梯梁的截面尺寸

说明:

1. 楼梯间的混凝土强度同本层板混凝土强度。
2. 本图钢筋须满足搭接锚固长度。
3. 未注楼梯平台板钢筋均为⇒8@200，双层双向, 板厚100。
4. 图中未注明梁柱见各层结构平面图。

图 6-27　图纸中平台板的厚度

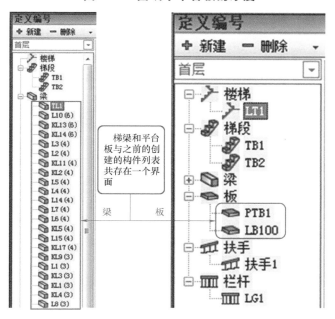

梯梁和平台板与之前的创建的构件列表共存在一个界面

图 6-28　梯梁和梯板出现的构件列表

注:
1. 室内楼梯及临空廊道、中庭等设不锈钢栏杆,
高度1050，净距不大于110。
2. 护窗栏杆由二次装修定。

图 6-29　图纸中关于栏杆和扶手的要求

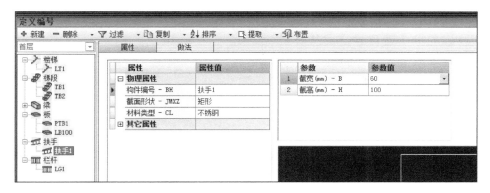

图 6-30　设置完毕的扶手构件

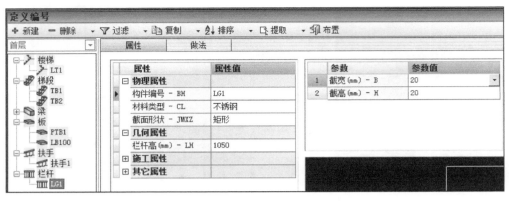

图 6-31　设置完毕的栏杆构件

6.4.2　楼梯构件的组合

　　完成上述各个构件的新建和设置后，单击之前创建的 LT1，就可以进行组合楼梯的各个构件了，如图 6-32 所示。

　　在图 6-32 中，第一行为"构件编号"，这里不需修改。

　　操作 1.　单击第二行"楼梯类型"中信息输入栏。这时，在信息输入栏下方出现"下"和"上"，它们的下方展开选项均为"A 型、B 型、C 型、D 型、E 型"，如图 6-33 所示。

　　这里的"下"为楼梯的下跑梯段，"上"指的是楼梯的上跑梯段，"A 型、B 型、C 型、D 型、E 型"分别指的是图 6-19 中的 A、B、C、D、E 型楼梯。

图 6-32　楼梯构件的组合和设置

　　实例工程中的首层楼梯，下跑梯段为 TB-1，为 A 型梯段，上跑梯段为 TB-2，同样为 A 型梯段。

　　操作 2.　分别在对应"下"和"上"的信息栏中，先单击选取对应的楼梯类型，再在已选取的楼梯类型的位置双击鼠标（以该楼梯构件为例，双击"下"展开选项中的"A 型"或"上"展开选项中的"A 型"均可）。这样，在原本空白的黑色预览区域中就出现有上下梯段组成的楼梯缩略图，并在下方出现"下

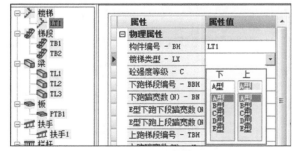

图 6-33　楼梯类型中出现的选项

A 上 A 型楼梯"几个字，如图 6-34 所示。与设置独立基础时相同，缩略图上的尺寸数据与属性设置信息栏中的数据为一一对应的关系。

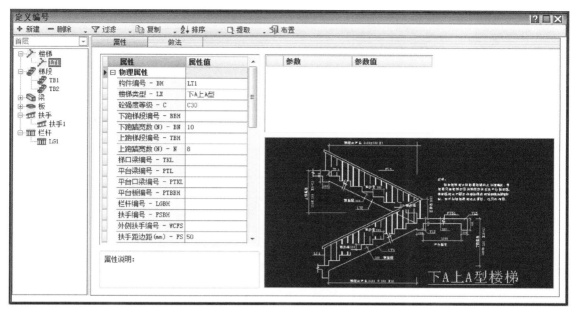

图 6-34　出现的楼梯缩略图

第三行设置项为"砼强度等级"，这里已按之前的设置完毕的"工程设置"内容自动调整为 C30，无需改动。

操作 3. 设置第四行"下跑梯段编号"。单击"下跑梯段编号"的信息输入栏中出现的

下拉选项框按钮，在下拉选项框中出现"TB1"和"TB2"两个选项，如图 6-35 所示。这里，单击"TB1"，将"下跑梯段编号"匹配为"TB1"构件。

这时，LT1 构件"物理属性"栏中，原本在图 6-34 中"下跑踏宽数"为 10，此刻变为 12，与设置 TB1 踏步数时保持一致，且为灰色显示状态，表明该数据已被锁定，不可直接进行修改，如图 6-36 所示。

而在下方 LT1 构件"几何属性"栏中，属于下跑梯段的内容中，除了

图 6-35　"下跑梯段编号"的下拉选项框

"波打线宽"外，其余内容均为灰色显示状态，都表明这些数据已被锁定，如图 6-37 所示。

通过匹配已创建的构件，就能够将这些构件的数据信息提取到楼梯构件对应的属性栏中来，从而实现各个零散构件组合到整体楼梯的操作。

操作 4. 按照上述操作，对照图纸，依次对"上跑梯段""平台梁""平台口梁""平台板""栏杆"和"扶手"进行对应的构件匹配，组合到整体楼梯构件中即可，如图 6-38 所示。

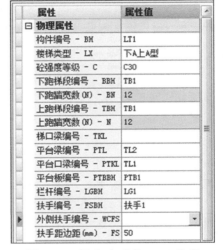

属性	属性值
⊟ 物理属性	
构件编号 - BH	LT1
楼梯类型 - LX	下A上A型
砼强度等级 - C	C30
下跑梯段编号 - BBH	TB1
下跑踏宽数(N) - BN	12
上跑梯段编号 - TBH	
上跑踏宽数(N) - N	8
梯口梁编号 - TKL	
平台梁编号 - PTL	
平台口梁编号 - PTKL	
平台板编号 - PTBBH	
栏杆编号 - LGBH	
扶手编号 - FSBH	
外侧扶手编号 - WCFS	
扶手距边距(mm) - FS	50

图 6-36　匹配 TB1 后 LT1 的“物理属性”栏

⊟ 几何属性	
下跑梯段宽(mm) - BB	1500
下跑踏步高(mm) - BH	150
下跑踏步宽(mm) - BB	260
下跑梯板厚(mm) - BT	120
波打线宽(mm) - BDK	200
下梯段高(mm) - BTH	1950
下跑梯段水平长(mm)	3120
上跑梯段宽(mm) - BL	1200
上跑踏步高(mm) - HS	150
上跑踏步宽(mm) - BK	300
上跑梯板厚(mm) - T	100
上梯段高(mm) - TH	1350
上跑梯段水平长(mm)	2400

图 6-37　匹配 TB1 后 LT1 的“几何属性”栏

需要注意的是，楼梯中对应的梯口梁，已在之前的首层梁构件中被布置上去，因此，在楼梯的大样图中并未对此处梁有额外的标示，所以在“梯口梁编号”这一栏中不需要匹配任何构件。而楼梯间四周是砌体墙，实例工程并未在楼梯的外侧设置扶手，因此，在“外侧扶手编号”这一栏中也不能匹配任何构件。

操作 5. 在下方的“几何属性”中“平台板宽”一栏输入“1150”即可（见图 6-39），其数值为 1550 减去 TL-1 和 TL-2 的截面宽度而来，如图 6-40 所示。其余属性按默认数值即可，而图纸中的 TL-3 需要另行布置，无法组合到整体楼梯当中。

属性	属性值
⊟ 物理属性	
构件编号 - BH	LT1
楼梯类型 - LX	下A上A型
砼强度等级 - C	C30
下跑梯段编号 - BBH	TB1
下跑踏宽数(N) - BN	12
上跑梯段编号 - TBH	TB1
上跑踏宽数(N) - N	12
梯口梁编号 - TKL	
平台梁编号 - PTL	TL2
平台口梁编号 - PTKL	TL1
平台板编号 - PTBBH	PTB1
栏杆编号 - LGBH	LG1
扶手编号 - FSBH	扶手1
外侧扶手编号 - WCFS	
扶手距边距(mm) - FS	50

图 6-38　组合完成的 LT1 构件

6.4.3　楼梯构件的布置

退出楼梯“定义编号”对话框，根据图 6-41 所示情况，楼梯最下端的踏步下沿距离Ⓔ轴为 1830mm，为方便布置，还需绘制辅助线。

按照之前绘制辅助线的方法，以轴线Ⓔ和轴线③的交点为起点，垂直向上绘制一条距轴线Ⓔ 1830mm 的直线后，接着再绘制一条垂线，垂线方向沿 *X* 轴左侧方向即可，如图 6-42 所示。

布置前，利用构件的显示与隐藏功能，只显示“轴线”“柱”和“梁”，利用单击 ✣ 单点布置 按钮，激活该功能，如图 6-43 所示。

根据图 6-21 所示情况，楼梯方向为逆时针。

操作 1. 在布置前，修改导航器下方“起跑方向”为“标准双跑逆时针”，标高信息执行默认即可，如图 6-44 所示。

操作 2. 单击辅助线与梁体 L2 侧边线的交点，这样，楼梯就被布置上去了，如图 6-45 所示。

6.4.4　其他楼层楼梯布置时的注意事项

按照上述的方法，不难完成其他楼层的楼梯的定义和布置。

几何属性	
下跑梯段宽(mm) - BB	1500
下跑踏步高(mm) - BH	150
下跑踏步宽(mm) - BB	260
下跑梯板厚(mm) - BT	120
波打线宽(mm) - BDK	200
下梯段高(mm) - BTH	1950
下跑梯段水平长(mm)	3120
上跑梯段宽(mm) - BL	1500
上跑踏步高(mm) - HS	150
上跑踏步宽(mm) - BK	260
上跑梯板厚(mm) - T	120
上梯段高(mm) - TH	1950
上跑梯段水平长(mm)	3120
梯口梁截宽(mm) - B	200
梯口梁截高(mm) - H	400
平台梁截宽(mm) - B1	200
平台梁截高(mm) - H1	400
平台口梁截宽(mm) -	200
平台口梁截高(mm) -	400
平台板厚(mm) - PBT	100
栏杆高(mm) - LH	1050
指定梯井宽(mm) - JB	100
平台板宽(mm) - PB	1150
楼梯范围踢脚线高度(	100

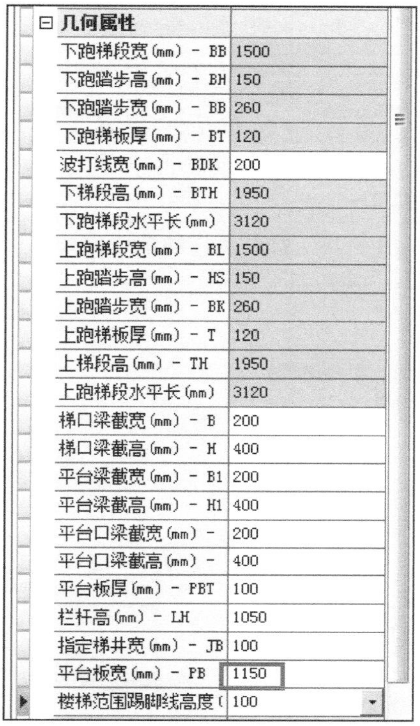

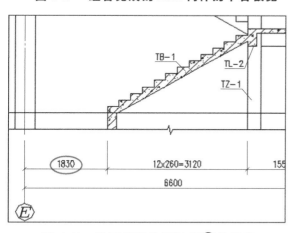

图 6-39　组合完成的 LT1 构件的平台板宽

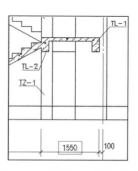

图 6-40　图纸中平台板宽

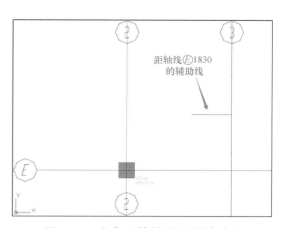

图 6-41　最下端踏步到轴线Ⓔ的距离

图 6-42　为布置楼梯绘制的辅助线

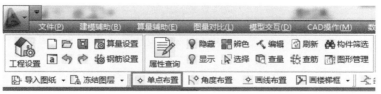

图 6-43　单击“单点布置”

但需要注意的是，T1 楼梯间中第二层楼梯下梯段 TB-3 为 B 型梯段，如图 6-46 所示。在属性设置时，结构类型选为"B 型梯段"。此外，在第一个踏步位置左侧，有一个水平过渡段，长度为 260mm，因此，在属性"下部水平段长"信息栏中还需输入"260"（见图 6-47），其他操作与设置 TB-1 时完全相同。这样，就可以完成 TB-3 的设置了。

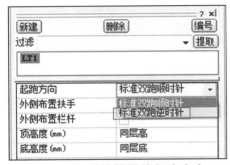

图 6-44　修改楼梯的起跑方向

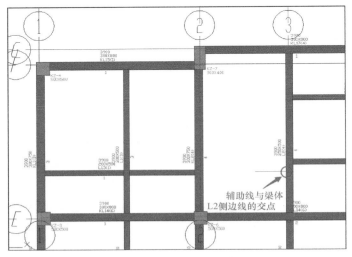

图 6-45　楼梯的布置位置

楼梯的布置

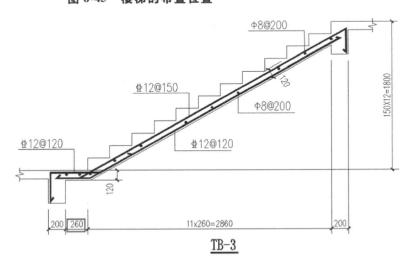

图 6-46　图纸中的 TB-3 梯段

布置其他楼层的楼梯时，还需注意布置点的位置在各楼层略有不同。如图 6-48 所示，在三、四层的 T1 楼梯的一个踏步距离轴线Ⓔ的距离为 2090mm，而首层为 1830mm。

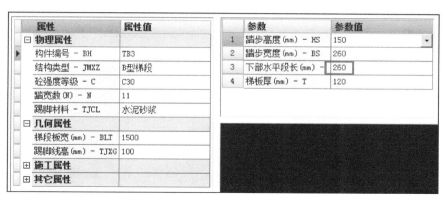

图 6-47　TB-3 的属性设置

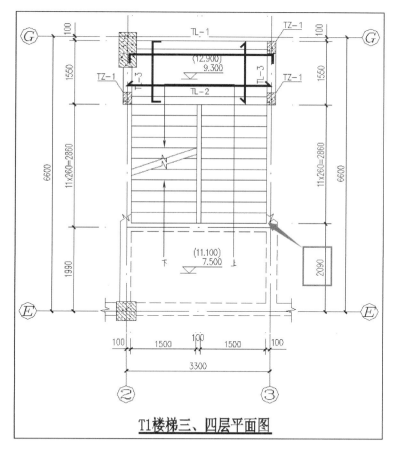

T1楼梯三、四层平面图

图 6-48　T1 楼梯三、四层平面图

结合这些方法，不难完成实例工程的所有楼梯的定义和布置操作。

6.4.5　楼梯的零星构件布置

由于梯柱 TZ-1 和 TL-3 的特殊性，因此，无法组合到整体楼梯构件当中去，需要在布置完楼梯之后，单独布置。

1. 梯柱的布置

梯柱 TZ-1 的布置方法与之前布置框架柱的相似，同样是使用"手动布置"的方法，但梯柱属于典型的梁上柱构件，因此，需要注意柱子布置的底高及顶高和平面布置位置即可。

在 T1 一层楼梯剖面图中，梯柱的顶高与梯板平齐，即离地面 1950mm，其对应的标高为 1.950m，而底部则伸入地面直至下部地梁顶部，如图 6-49 所示。

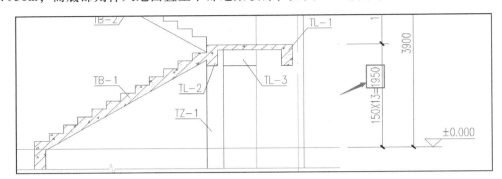

图 6-49　T1 楼梯在一层的剖面图

在 T1 楼梯间一层平面图中，共需要在 3 处位置布置梯柱构件 TZ-1，且每处都与 TL-1 或 TL-2 以及梯板都有特殊位置关系。观察发现，梯柱 TZ-1 构件的边线端点位于梯板边线延长线与 TL-1 或 TL-2 边线交点上，如图 6-50 所示。

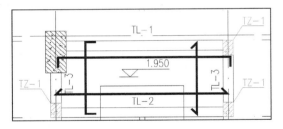

图 6-50　梯柱在平面的位置

因此，这里可以使用键盘"Tab"键，调整定位简图中布置点的位置，如图 6-51 所示，使之与 TL-1 或 TL-2 和梯板边线延长线的交点重合即可。

操作 1. 布置首层楼梯的梯柱时，在导航器下方的属性栏中的"底高（mm）"调整为"-800"，如图 6-52 所示，再按照上述图 6-50 所示平面图的位置完成布置。

梯柱属于典型的梁上柱构件，由于其中一处梯柱下的地梁位置，还有独立基础构件位于它的下方，这时，如果直接将底高改为"同基础顶"，会导致该梯柱穿过地梁再坐落于下方独立基础之上，显然与实际情况不符，因此，这里梯柱底高度统一设置为地梁的顶高，即之前的"-800"。

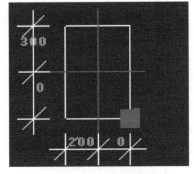

图 6-51　调整柱体定位点

操作 2. 利用之前的属性查询和批量选择的功能，批量选中梯柱 TZ-1 构件，并将它的"构件查询"中"顶标高（mm）"数值修改为"1.95"即可，如图 6-53 所示。这样，首层梯柱构件就完成正确布置了。

在布置其他楼层的梯柱时，由于其支座为下层的楼层梁，因此，在导航器属性栏设置需要调整相应变化。这里以第二层的 T1 楼梯间的梯柱为例进行说明。如图 6-54 所示，第二层柱顶与该层梯板平齐，其柱子高度为 1800mm。

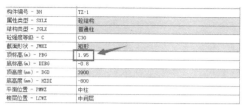

截面形状	矩形
截宽	200
截高	300
底高(mm)	-800
高度(mm)	同层高
支模起点高	同柱底

图 6-52　修改底高

构件编号 - BH	TZ-1
属性类型 - SXLX	砼结构
结构类型 - JGLX	普通柱
砼强度等级 - C	C30
截面形状 - JMXZ	矩形
顶标高(m) - PBG	1.95
底标高(m) - DIBG	-0.8
顶高度(mm) - DGD	3900
底高度(mm) - HZDI	-800
平面位置 - PMWZ	中柱
楼层位置 - LCWZ	中间层

图 6-53　修改顶标高

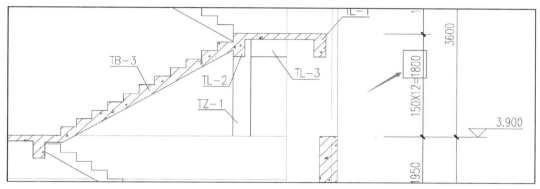

图 6-54　第二层 T1 楼梯剖面图

因此，在导航器下方属性栏中将“底高度（mm）”设为“同层底”，“高度（mm）”手动输入为“1800”即可，如图 6-55 所示。

再按照平面图上的位置，完成第二层梯柱的布置即可。

结合上述操作，不难完成剩余的梯柱布置操作。

截面形状	矩形
截宽	200
截高	300
底高(mm)	同层底
高度(mm)	1800
支模起点高(mm)	同柱底

图 6-55　第二层梯柱的导航器属性

2. TL-3 的处理

梯梁 TL-3 的布置方法与楼层梁布置相同，其平面位置可通过观察图 6-50 发现，位于柱体之间，而 TL-3 的顶高则与梯板平齐。

在布置首层 TL-3 时，调整导航器下方属性栏中“梁顶高（mm）”数值为“1950”，如图 6-56 所示，再根据平面位置完成布置即可。

按照上述操作，注意修改梁顶高数值，完成余下的 TL-3 构件布置即可。

截面形状	矩形
截宽	200
截高	400
梁顶高(mm)	1950

图 6-56　调整梁顶标高

6.4.6　楼梯的零星构件布置——楼梯段下部连接混凝土构件

在首层楼梯 TB-1 梯段下部还有一段混凝土构件，该混凝土构件与梯段最下端还有对应的钢筋构造，如图 6-57 所示。该混凝土构件连接地梁顶部与梯段下端，对梯段起着支撑作用。

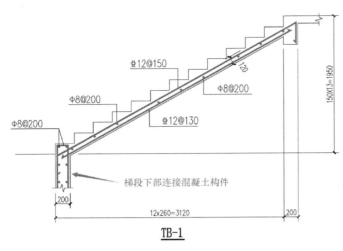

图 6-57　梯段下部连接混凝土构件

图 6-58　单击"砼墙"

软件并未单独设置这样类型的构件，实际工作中使用剪力墙构件，即软件中的"砼墙"构件，来进行布置。

操作 1. 单击左侧屏幕菜单栏中的 墙体 按钮，在展开的选项中单击 砼墙 按钮（见图 6-58），在弹出的导航器中单击 编号 ，进入构件"定义编号"对话框。

操作 2. 在构件"定义编号"对话框中修改"构件编号"为"楼梯下部连接砼构件"，"砼强度等级"修改为"C30"，"截宽"修改为"200"，其余属性保持默认，如图 6-59 所示。

图 6-59　"楼梯下部连接砼构件"的属性设置

操作 3. 布置之前，修改构件导航器的属性栏中"底高（mm）"为"同基础顶"，"高度（mm）"为"同梯段底"，如图 6-60 所示。

操作 4. 布置方法与梁体墙构件的布置相同，使用"手动布置"进行操作，利用切换对齐方式，注意布置点，不难完成 TB-1 下端的连接混凝土构件的布置。

图 6-60　连接混凝土构件的导航器属性

楼梯的零星构件布置

第7章

砌筑工程和门窗工程的计算

按照图 3-2 所示流程图，本章开始处理砌体墙工程。首先，将楼层切换至首层，砌筑工程仍然按照楼层自下而上的顺序完成工程量的计算。

7.1 外墙工程

在实例工程的建筑设计说明中，对墙体的厚度和所用材料均做出了具体的规定，如图7-1 所示。

> 五、墙体：
> 1. 所有墙体除注明外均为200厚加气混凝土砌块，采用 M5 水泥砂浆砌筑。

图 7-1 建筑说明中关于墙体的要求

7.1.1 砌体墙的定义

单击左侧屏幕菜单栏中的 ▶ 墙体 按钮，在展开的选项中单击 砌体墙 ，弹出砌体墙的导航器窗口，如图 7-2 所示。

需要注意的是，由于在第 3 章的工程设置——"建筑说明"中已对砌体材料和砂浆材料进行了设置，因此，在砌体墙"定义编号"对话框中，无需对这两项内容进行额外处理。通常，同一个工程，砌体墙构件之间的差异主要是厚度的差别，因此，在新建砌体墙的构件编号名称时，可以参照现浇板定义时的方法，在名称后添加厚度"数值"，用以区分不同厚度的砌体墙。结合之前结构图中各个构件的新建和定义的方法，这里，不难完成该砌体墙构件各项信息的定义操作，如图 7-3 所示。

图 7-2 单击"砌体墙"进行新建

7.1.2 砌体墙的布置

布置之前，还需要修改砌体墙的"底高（mm）"和"平面位置"。需要注意的是，由于砌体墙的作用是填充框架的空隙，特别是上下梁体之间的空隙，因此，首层的外墙需要向下放置在地梁顶部的位置，而二层及以上砌体墙的底高位于本层层底即可。

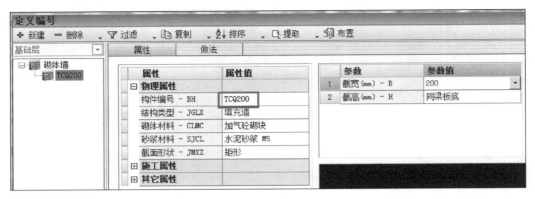

图 7-3 设置完毕的砌体墙"定义编号"对话框

操作 1. 在导航器下方属性输入栏中，修改"底高（mm）"为"同基础顶"，修改"平面位置"为"外墙"即可，如图 7-4 所示，而在二层及以上楼层修改为"同层底"，其余与首层相同。

实例工程中，根据砌体墙与柱子和轴线的关系，可分为"贴柱边布置"和"轴线居中心布置"两种情况，如图 7-5 和图 7-6 所示。

操作 2. 砌体墙按布置的特点同样属于线形构件，其布置方法与梁体几乎完全相同。定位点的切换同样是在 手动布置 激活状态下，通过使用键盘的"Tab"键来切换定位点的位置。一般情况下，砌体墙需要考虑定位尺寸偏移的情况较少，如需使用，其方法与梁体处理同类问题时的操作相同。

图 7-4 首层砌体墙的"底高（mm）"和"平面位置"

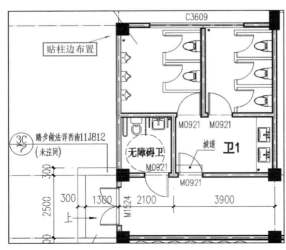

图 7-5 砌体墙贴柱边布置

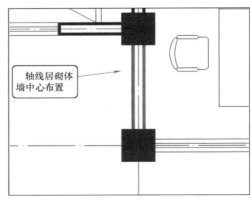

图 7-6 轴线居砌体墙中心布置

7.1.3　砌体墙布置时的注意事项

门窗是绘制在砌体墙当中，但使用本软件布置砌体墙无须考虑门窗所占位置的影响，因此，不用扣除门窗所占的墙体，如图 7-7 和图 7-8 所示，只需根据设计图判断砌体墙的起止位置，然后从起点绘制到终点即可。

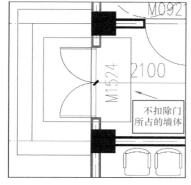

图 7-7　不扣除门所占的墙体

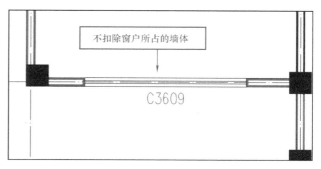

图 7-8　不扣除窗户所占的墙体

7.1.4　女儿墙布置时的注意事项

在五层及屋面层均需要布置女儿墙。实例工程中，不同位置的女儿墙，其要求和做法会有一些差异，如图 7-9 和图 7-10 所示。

砌体墙的布置

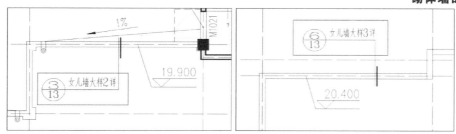

图 7-9　同一层楼不同位置的女儿墙

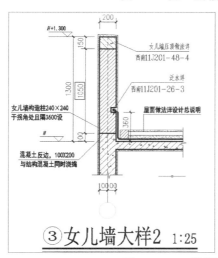

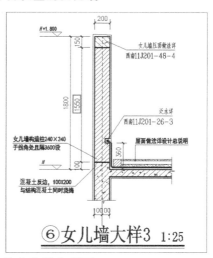

图 7-10　不同要求的女儿墙大样图

这里，可以用女儿墙大样图的名称来定义构件编号名称，如女儿墙大样 2 的构件编号名称定义为"女儿墙 2"。此外，截高还需由默认的"同梁板底"改为对应的大样图中的女儿墙墙高，注意女儿墙的高度不包括压顶高度，如图 7-11 所示。

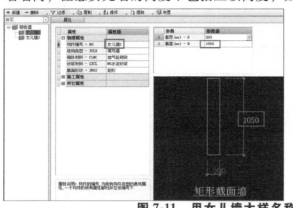 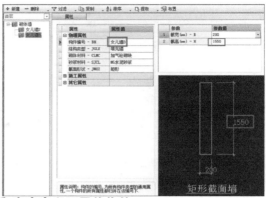

图 7-11　用女儿墙大样名称和高度定义不同的构件

7.2　内墙工程

在本实例工程中，内墙与外墙的做法和材料相同，因此，沿用外墙的构件进行布置即可。

内墙在工程的主要作用是分割建筑物内部空间，此外，由于首层的所有墙体下方均设置有地梁构件，对应的墙体需要放置在地梁上，因此，在布置首层内墙构件之前，需要将砌体墙构件导航器下方属性信息栏中的"底高（mm）"改为"同基础顶"，同时，"平面位置"改为"内墙"，其余属性保持默认即可，如图 7-12 所示。布置其他楼层的内墙时，其底高改为"同层底"，其余属性与首层内墙相同。

图 7-12　内墙的属性信息栏设置

在实例工程中，内墙在平面图中的位置有一部分与轴线间存在距离的标注，但也有一部分没有任何的具体位置距离标注，如图 7-13 所示。

对于没有距离标注的，应先测量出它与最近轴线的距离。纸质图纸需要利用比例尺量取它的距离，而电子版图纸，则需用到软件中的标注距离或测量距离的功能（如 AutoCAD 中的标注命令 dli 和测量距离命令 dist 均可量出所需距离）。有了相对位置距离的数据后，就可以绘制对应位置的辅助线，进而布置内墙构件了。

内墙构件布置的方法与外墙构件完全相同。

图 7-13　内墙的位置距离标注

温馨提示：

　　采用手动建模方式布置内墙构件时，绘制辅助线将耗费大量的时间，请务必耐心进行布置操作。

7.3　楼梯间的墙体处理

　　按上述操作布置完砌体墙，会在楼梯间墙体位置出现空隙不封闭的情况，如图 7-14 所示。这是因为在该处存在梯梁和梯柱构件，而在砌体墙布置时，导航器属性"高度（mm）"默认设置为"同梁板底"，如图 7-15 所示。因此，砌体墙无法填充梯梁和梯柱的上部空隙区域。此处需要另行布置一块砌体墙完成该空隙区域的填充。

　　操作 1. 关闭状态栏中"组合开关"按钮，利用构件属性查询功能，单击梯梁 TL-3 下部的两块墙体，如图 7-16 所示，在属性查询对话框中，将高度修改为"2350"，即梯梁 TL-3 的底部距下部地梁的高度，如图 7-17 所示。

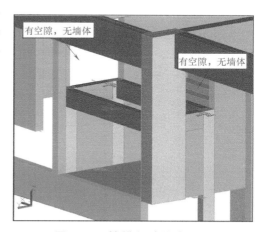

图 7-14　楼梯间墙体有空隙

95

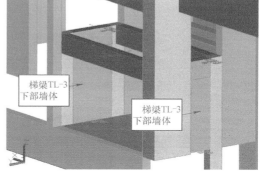

截面形状	矩形	...
截宽	200	
底高(mm)	同层底	
高度(mm)	同梁板底	
平面位置	内墙	

图 7-15　砌体墙布置时默认的导航器属性

图 7-16　梯梁 TL-3 下部墙体

属性名称	属性值		属性和
底斜设置 - DXSZ	墙顶维持原样		
截面形状 - JMXZ	矩形		
平面位置 - PMWZ	内墙		
梳层位置 - LCWZ	独一层		
□几何属性			
中线长(mm) - Lzx	700;1100		1800
净长(mm) - L	550;950		1500
厚度(mm) - T	200		
高度(mm) - G	2350		同梁板底=2350
平均高度(mm) - PJG	2350		
异高高度(mm) - HTGD	0		
斜墙顶长(mm) - XBQXC	0		

图 7-17　修改高度

操作 2. 为方便布置，使用单构件隐藏功能，隐藏梯梁 TL-3、框架梁 KL-2、非框架梁 L2 和楼梯间左右两侧砌体墙构件。

操作 3. 布置之前，将构件导航器属性的"底高（mm）"修改为"1950"，其余不变，如图 7-18 所示。

截面形状	矩形	...
截宽(mm)	200	
底高(mm)	1950	
高度(mm)	同梁板底	
平面位置	内墙	

图 7-18　补充的砌体墙构件导航器属性

操作 4. 单击 🔥手动布置 按钮，激活该命令，在轴线②位置处的墙体从框架柱内边线绘制到 TZ-1 的外边线位置，如图 7-19 所示。

操作 5. 在轴线③位置的砌体墙，从上方梯柱的外边绘制到下方梯柱的外边线，如图 7-20 所示。两处位置的墙体绘制完成的效果如图 7-21 所示。

按照操作 4 和操作 5 绘制的两段墙体被梯柱 TZ-1 分割成两跨，并且出现了"位置重复"的红字提示。

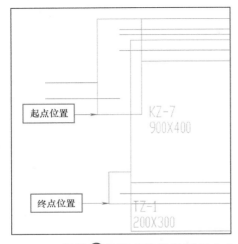

图 7-19　轴线②位置砌体墙绘制起止点

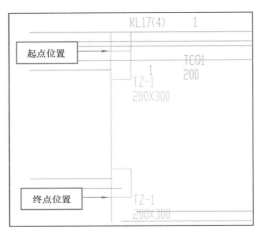

图 7-20　轴线③位置砌体墙绘制起止点

操作 6. 单击功能菜单按钮栏上的 🔲墙跨编辑 ，利用"合并跨"功能，将被梯柱分割开的两段墙体进行合并，这时，"位置重复"的红字提示消失。调整合适的角度，最终完成布置的楼梯间墙体效果，如图 7-22 所示。

楼梯间的砌体墙处理

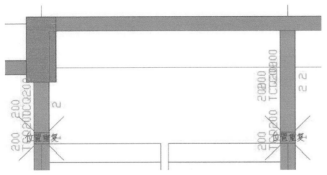

图 7-21　绘制完成的补充砌体墙工程

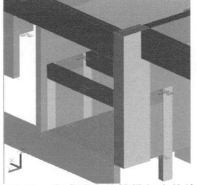

图 7-22　完成填充的楼梯间砌体墙

7.4 门窗工程

砌体墙布置完毕后，接着布置门窗构件了。

7.4.1 门窗的定义

操作 1. 定义门构件，单击左侧屏幕菜单栏中的 ▶门窗洞 按钮，在展开的选项中单击 门，弹出对应的导航器，再单击导航器上方 编号 按钮，进入"定义编号"对话框，如图 7-23 所示。

门窗构件的定义设置，需要根据门窗表中门的设计要求来进行设置，如图 7-24 所示。

操作 2. 在"定义编号"对话框中，将图 7-24 中门窗表的"设计编号"内容输入为"构件编号"，"洞口尺寸"输入对应的宽和高，并根据备注描述的门窗材质修改材料类型即可，如图 7-25 所示。

图 7-23 进入门"定义编号"界面

| 类型 | 设计编号 | 洞口尺寸(mm) | 数量 | | | | | | | 立樘高度 | 备注 |
			1层	2层	3层	4层	5层	屋面	总数		
门	M1524	1500X2400	1				2		3	H	成品门
	M1021	1000X2100	6	11	11	11	6	1	46	H	成品门
	M0921	900X2100	4	4	4	4			16	H	铝合金门
	乙FHM1021	1000X2100	2	1	1	1			5	H	乙级防火门
	乙FHM1524	1500X2400	2						2	H	乙级防火门

图 7-24 门窗表中门的设计要求

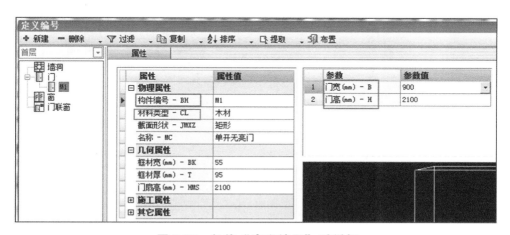

图 7-25 门的"定义编号"对话框

以 M1524 门为例，其"定义编号"对话框设置如图 7-26 所示。

其他门定义时，注意门窗表的要求，如 M0921 的材料类型需要修改为"铝合金"。

窗构件设置时，与门构件一致，以 C9830 为例，其"定义编号"对话框设置如图 7-27 所示。

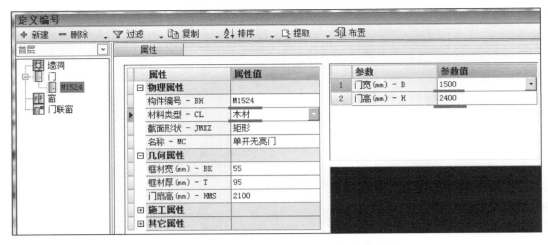

图 7-26 构件 M1524 的定义编号内容设置

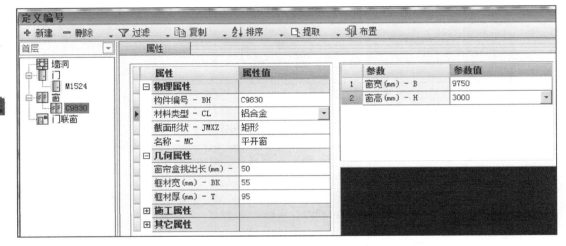

图 7-27 构件 C9830 的定义编号内容设置

以 MLC 开头的构件为门联窗，需要根据门联窗的形状优先修改对应的截面形状，如图 7-28 所示。

软件可供选择的门联窗截面形状有两种：一种为单边联窗，如图 7-29 所示；另一种为双边联窗，如图 7-30 所示。

图纸中共出现三种门联窗，MLC9631（见图 7-31）、MLC4331 和 MLC3031（见图 7-32）。

显然，在软件提供的两种门联窗截面形状中，MLC9631 与双边联窗最为匹配，而 MLC4331 和 MLC3031 则与单边联窗的形状进行匹配即可。选

图 7-28 门联窗优先修改"截面形状"

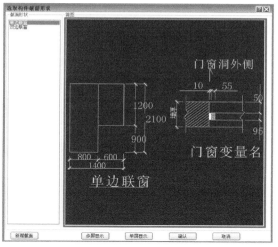

图 7-29 单边联窗

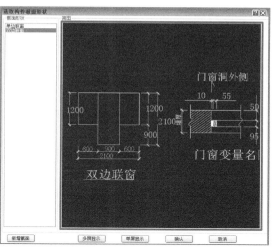

图 7-30 双边联窗

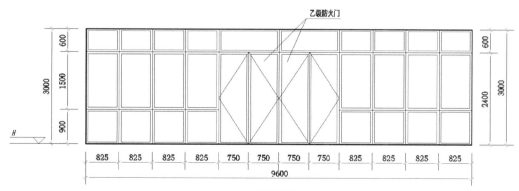

图 7-31 图纸中的门联窗 MLC9631

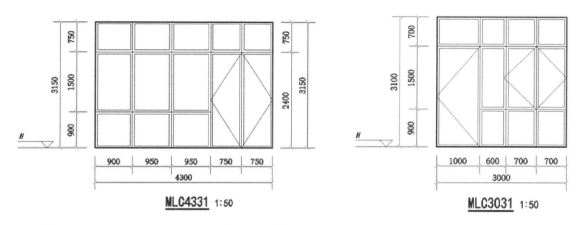

图 7-32 图纸中的门联窗 MLC4331 和 MLC3031

择好对应的截面形状，并按门窗表修改对应的构件编号，就可以完成该构件其他信息的输入操作。修改完毕的 MLC9631 的构件信息如图 7-33 所示。

修改完毕的 MLC4331 的构件信息如图 7-34 所示。MLC3031 定义编号设置与 MLC4331 完全相同，此处不再赘述。

7.4.2 门窗安装高度的设置

在布置门窗之前，还需修改对应的安装高度，软件以"离楼地面高度（mm）"属性栏进行表示，如图 7-35 所示。

根据设计图"门窗表"中"立樘高度"，不难得到各个门窗构件的具体安装高度（如图 7-36 所示，其中 H 为楼地面高度）。

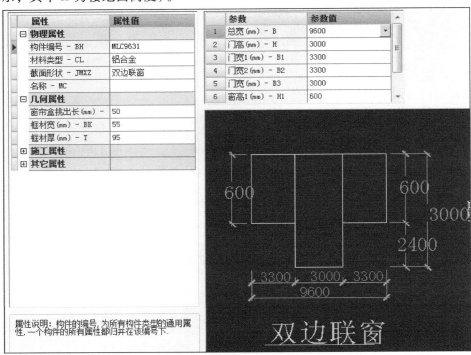

图 7-33　门联窗 MLC9631 的定义编号设置

图 7-34　门联窗 MLC4331 的定义编号设置　　**图 7-35　门窗的"离楼地面高度（mm）"**

类型	设计编号	洞口尺寸(mm)	数量							立樘高度	备注
			1层	2层	3层	4层	5层	屋面	总数		
门	M1524	1500×2400	1				2		3	H	成品门
	M1021	1000×2100	6	11	11	11	6	1	46	H	成品门
	M0921	900×2100	4	4	4	4			16	H	铝合金门
	乙FHM1021	1000×2100	2	1	1	1			5	H	乙级防火门
	乙FHM1524	1500×2400	2						2	H	乙级防火门
	C9830	9750×3000					1		1	H	铝合金窗
	C5630	5550×3000					1		1	H	铝合金窗
	C3609	3600×900	2	2	2	2		1	9	H+1.200	铝合金窗

图 7-36　立樘高度

需要注意的是默认的"门""窗"构件"离楼地面高度（mm）"为"底同墙底"。由于首层的墙体需要填充地下框架梁和楼层框架梁之间空隙区域，按默认设置"底同墙底"布置构件，将会使门窗从地梁顶部开始布置，显然与实际不符。因此，为避免后期反复修改的麻烦，在首层的门窗中，"离楼地面高度（mm）"的信息输入栏中不应出现以"底同墙底"作为高度设置的内容。如 M1524 的安装高度为 H，即距离楼地面高度为 0，其属性信息栏应按照如图 7-37 所示进行修改。而窗构件 C3609 的安装高度为 $H+1.200$m，其属性信息栏应按照如图 7-38 所示进行修改。

截面形状	矩形
截宽	1500
截高	2400
顶高度(mm)	2400
离楼地面高度(mm)	0
立樘外边距(mm)	居中

图 7-37　门构件 M1524 的"离楼地面高度（mm）"

截面形状	矩形
截宽	3600
截高	900
顶高度(mm)	2100
离楼地面高度(mm)	1200
立樘外边距(mm)	居中

图 7-38　窗构件 C3609 的"离楼地面高度（mm）"

按照上述方法，在布置之前的安装高度修改就完成了。接下来，只需要按照布置内墙构件时绘制辅助线的方法，补充绘制相应的辅助线，就可以进行门窗构件的布置了。

7.4.3　门窗的布置

<u>操作 1</u>. 单击黑色绘图区域上方的功能菜单按钮栏中的 墙上布置 按钮，激活该命令，如图 7-39 所示。

<u>操作 2</u>. 观察图纸和辅助线的位置，在对应墙体位置布置上门窗即可。

图 7-39　单击"墙上布置"

需要注意的是，在实际工作中，手动布置门窗构件时，为了保证效率，一般不需要严格遵照图纸上的位置，绘制辅助线来布置门窗构件，只需要在大致的位置上布置即可。这是因为门窗的计量单位为 m² 或樘，如图 7-40 和图 7-41 所示，无论是以哪个作为它的计量单位，都不依赖所处位置的墙体或其他构件，即便门窗布置的位置稍有偏差，对于余下墙体的面积计算也不会有任何偏差。

项目编码	项目名称	项目特征	计量单位	工程量计算规则	工作内容
010801001	木质门	1.门代号及洞口尺寸 2.镶嵌玻璃品种、厚度	1.樘 2.m²	1.以樘计量,按设计图示数量计算 2.以平方米计量,按设计图示洞口尺寸以面积计算	1.门安装 2.玻璃安装 3.五金安装
010801002	木质门带套				
010801003	木质连窗门				
010801004	木质防火门				

图 7-40   2013 清单规范中的木门情况

项目编码	项目名称	项目特征	计量单位	工程量计算规则	工作内容
010806001	木质窗	1.窗代号及洞口尺寸 2.玻璃品种、厚度	1.樘 2.m²	1.以樘计量,按设计图示数量计算 2.以平方米计量,按设计图示洞口尺寸以面积计算	1.窗安装 2.五金、玻璃安装
010806002	木飘(凸)窗			1.以樘计量,按设计图示数量计算 2.以平方米计量,按设计图示尺寸以框外围展开面积计算	1.窗制作、运输、安装 2.五金、玻璃安装
010806003	木橱窗	1.窗代号 2.框截面及外围展开面积 3.玻璃品种、厚度 4.防护材料种类			1.窗制作、运输、安装 2.五金、玻璃安装 3.刷防护材料

图 7-41   2013 清单规范的木窗情况

但需要稍加注意的是，由于门窗位置，往往需要额外布置过梁，因此，在布置门窗时，也不可太过随意，门窗两侧应留有一定空间，方便布置过梁。如图 7-42 所示，图示的 M1524 为绘制了额外的辅助线，并严格按照图纸的位置进行布置的效果。但在不额外绘制辅助线情况下，考虑布置过梁的情况，就应避免出现如图 7-43 和图 7-44 这样的情况。

这里，门窗显示预览图中的开启方向对于工程量结果没有任何影响。

利用这些操作方法，不难完成其他楼层的门窗构件。

需要注意的是，在处理第五层和屋面层的门构件时，根据设计，其下方需要布置 200mm 高的 C15 混凝土的止水坎，用以防止室外屋面渗水进入屋内，如图 7-45 所示。因此，在布置这些门构件之前，应在导航器下方属性栏中"离楼地面高度（mm）"改为"200"，如图 7-46 所示，再进行对应位置的布置。

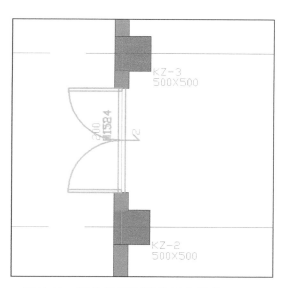

图 7-42　严格遵照图纸位置布置的 M1524

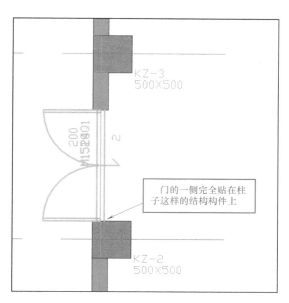

图 7-43　M1524 布置错误的情况 1

门的一侧完全贴在柱子这样的结构构件上

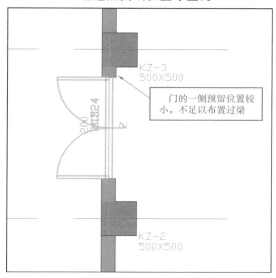

图 7-44　M1524 布置错误情况 2

门的一侧预留位置较小，不足以布置过梁

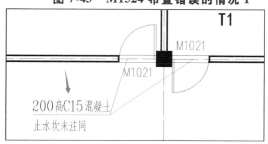

T1

M1021

M1021

200高C15混凝土

止水坎未注同

图 7-45　第五层及屋面层的门下设置止水坎

截面形状	矩形
截宽	1000
截高	2100
顶高度 (mm)	2300
离楼地面高度 (mm)	200
立樘外边距 (mm)	居中

首层门窗的布置

图 7-46　对应门构件的安装高度

温馨提示：

　　软件并没有设置门联窗匹配对应的三维效果，因此，在使用三维着色观察时，门联窗仅仅出现一个洞口，这个对于工程量的计算结果没有任何影响，无需在意。

7.5　构造柱

　　操作 1. 单击软件界面左侧屏幕菜单栏中的 ▶ 柱体 按钮，在展开的选项中单击 🏛 构造柱 ，弹出对应的导航器，再单击导航器上方 编号 按钮，进入"定义编号"对话框，如图 7-47 所示。

103

操作 2. 根据图纸中的要求（见图 7-48），修改构造柱截高为 200mm，其余按默认设置即可，如图 7-49 所示。

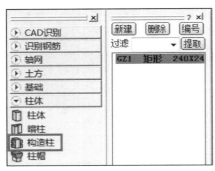

图 7-47 进入构造柱"定义编号"对话框

未注明的构造柱截面为墙厚乘以 240，

纵筋 4φ12，箍筋 φ6@ 200

图 7-48 图纸中关于构造柱的设计要求

属性	属性值
⊟ 物理属性	
构件编号 - BH	GZ1
砼强度等级 - C	C20
虚构造柱 - XGZ	否
截面形状 - JMXZ	矩形
是否作为梁端支座 -	否

	参数	参数值
1	截宽(mm) - B	240
2	截高(mm) - H	200

图 7-49 修改构造柱截高

104

温馨提示：

这里设置的截高对应的是砌体墙的厚度，如果不作修改，默认的数值为 240，这时，砌体的厚度<构造柱的厚度，布置时，软件也会自动将构造柱的厚度缩减到砌体墙的厚度数值。

操作 3. 关闭对话框，单击黑色绘图区域上方的功能菜单按钮栏中的 自动布置 按钮，激活该功能，如图 7-50 所示。

图 7-50 单击构造柱"自动布置"

操作 4. 在弹出的"设置自动布置的参数"对话框中对各个选项进行设置。利用手动输入、勾选或调整下拉选项框等操作方式，设置各项参数即可，如图 7-51 所示。其中，构造柱生成规则的依据可参见结构设计总说明中"六、填充墙"中相关设计要求。

需要注意的是，为方便起见，构造柱需要设置钢筋，可以先按照图 7-51 所示进行设置，关于钢筋级别与软件的对应和具体设置，将在本书后面的章节详细讲述。

如果弹出的对话框中，在"构造柱大小规则"中，未出现任何信息，可以单击对话框下方的 新建规则 进行新建，在新出现的规则信息栏中，利用手动输入或调整下拉选项框等操作方式调整各参数如图 7-51 所示即可。

此外，还可调整应用的楼层范围，一次性完成所有楼层的构造柱布置。单击对话框下方

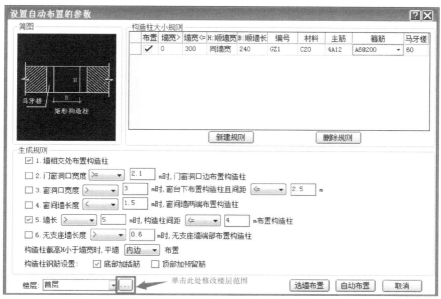

图 7-51 调整完毕的构造柱 "设置自动布置的参数" 对话框

按钮，在弹出对话框中，全选所有的目标楼层即可，如图 7-52 和图 7-53 所示。

操作 5. 单击对话框下方的 按钮（见图 7-51），软件就会按照设置好的参数规则自动布置构造柱。

105

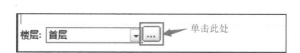

图 7-52 调整构造柱应用的目标楼层范围

构造柱及过梁布置

图 7-53 全选所有的目标楼层

7.6 过梁

完成构造柱的布置后，接着需要布置过梁。

操作 1. 单击软件界面左侧屏幕菜单栏中的 梁体 按钮，在展开的选项中单击 过梁，弹出对应的导航器，再单击导航器上方 编号 按钮，进入 "定义编号" 对话框，如图 7-54 所示。

在结构设计总说明中，根据门窗的洞口的净跨长，过梁被分为 6 种类型，如图 7-55 和图 7-56 所示。

操作 2. 在“定义编号”对话框中定义 6 种过梁构件。除构件编号外，只需根据过梁表中的“梁高 h”修改截高即可，如图 7-57 所示。

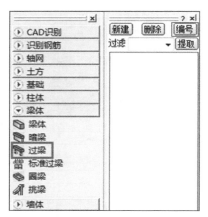

图 7-54　进入“过梁”定义编号

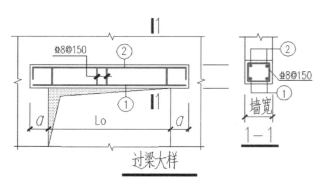

图 7-55　过梁大样图

过 梁 表

洞口净跨 L_0	L_0<1000	1000≤L_0<1500	1500≤L_0<2000	2000≤L_0<2500	2500≤L_0<3000	3000≤L_0
梁高 h	120	120	150	180	240	300
支座长度 a	240	240	240	370	370	370
①	2Φ10	2Φ12	2Φ14	2Φ14	2Φ16	2Φ16
②	2Φ10	2Φ10	2Φ10	2Φ12	2Φ12	2Φ12
	GL1	GL2	GL3	GL4	GL5	GL6

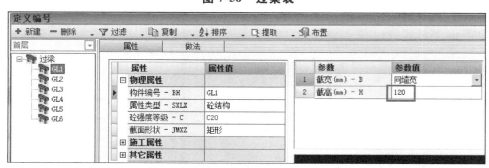

图 7-56　过梁表

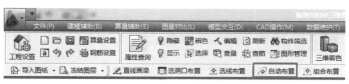

图 7-57　过梁“定义编号”对话框

完成定义构件操作后，关闭对话框。由于有门窗洞口的位置才可布置过梁，因此，使用软件的自动布置，将是最快捷的布置方法。

操作 3. 单击黑色绘图区域上方的功能菜单按钮栏中的“自动布置”按钮，激活该命令，如图 7-58 所示。

图 7-58　单击“自动布置”

　　这时，弹出过梁表的对话框。再依照图 7-56 中过梁的洞口净跨 L_0 和支座长度 a，完成对应的设置即可，如图 7-59 所示。

　　需要注意的是，如图纸中 GL2 适用的洞口净跨为 $1000 \leqslant L_0 < 1500$，但软件无法在上限或下限数值中调整是否包含本身，即只能锁定"数值 $1 < L_0 \leqslant$ 数值 2"这样的形式，因此，在设置"过梁表"时，上下限的数值可以将其改为最接近的小数，如 GL2 可以将其改为"$999.99 < L_0 \leqslant 1499.99$"即可。其他过梁同理操作。

编号	材料	墙厚>	墙厚<=	洞宽>	洞宽<=	过梁高	单挑长度	上部钢筋	底部钢筋	箍筋
GL1	C20	0	1000	0	999.99	120	240			
GL2	C20	0	1000	999.99	1499.99	120	240			
GL3	C20	0	1000	1499.99	1999.99	150	240			
GL4	C20	0	1000	1999.99	2499.99	180	370			
GL5	C20	0	1000	2499.99	2999.99	240	370			
GL6	C20	0	1000	2999.99	10000	300	370			

楼层：首层　　　　只别过梁表　保存　导入定义　定义编号　导入　导出　布置过梁　钢筋布置

图 7-59　设置完毕的"过梁表"对话框

　　这里，可以按照布置构造柱时全选应用的目标楼层的方法，单击左下方的楼层应用范围的按钮（见图 7-60），将应用的目标楼层改为全部楼层。

　　操作 4. 单击"过梁表"对话框中下方的 布置过梁 按钮，并在弹出的"算量提示"对话框中单击 是(Y) 按钮，如图 7-61 和图 7-62 所示。这样，软件将在门窗位置按照之前"过梁表"对话框中设置的参数要求，自动布置上对应的过梁构件。

107

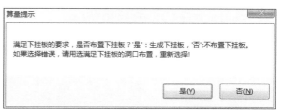

过梁表

编号	材料	墙厚>	墙厚<=
GL1	C20	0	1000
GL2	C20	0	1000
GL3	C20	0	1000
GL4	C20	0	1000
GL5	C20	0	1000
GL6	C20	0	1000

楼层：首层　　　——单击此处

图 7-60　调整过梁应用的目标楼层范围

洞宽<=	过梁高	单挑长度	上部钢筋	底部钢筋	箍筋
999.99	120	240			
1499.99	120	240			
1999.99	150	240			
2499.99	180	370			
2999.99	240	370			
10000	300	370			

只别过梁表　保存　导入定义　定义编号　导入　导出　布置过梁　钢筋布置

图 7-61　单击"布置过梁"

算量提示

满足下挂板的要求，是否布置下挂板？'是'：生成下挂板，'否'：不布置下挂板。
如果选择错误，请用选满足下挂板的洞口布置，重新选择！

是(Y)　　否(N)

图 7-62　过梁"算量提示"对话框

7.7　识别内外

　　完成上述构件，实例工程的围护结构就全部完成了。由于柱体的钢筋构造要求，需要区分边角中柱，因此，需要进一步区分。此外，墙体布置时，也可能由于操作不当，导致平面位置属性内外墙区分不明。

可使用鼠标选中需要修改的构件，并在"属性查询"中修改对应属性，但该方法比较耗时。实际工作主要使用"识别内外"功能来完成。

操作 1. 单击屏幕菜单栏中 墙体 按钮，在展开的选项中单击 砌体墙 按钮，切换功能菜单按钮栏。同时，利用构件显示功能，只保留柱、梁、墙构件。

操作 2. 单击绘图区域上方的功能菜单按钮栏中的 识别内外 按钮，激活该功能，如图 7-63 所示。

图 7-63　单击"识别内外"

操作 3. 软件同时弹出"识别内外"对话框，如图 7-64 所示，并在下方命令提示栏中出现文字提示和对应的相关按钮，如图 7-65 所示。软件默认启用的是"矩形框识别内外"功能，框选实例工程建筑物外墙，则建筑物的柱和砌体墙构件将按图 7-64 中的配色方案调整构件平面位置属性和颜色。

图 7-64　"识别内外"对话框

在对话框下方还配置其他按钮，如图 7-66 所示。对于一些外观形状较复杂的建筑物，可采用"多义线选实体识别内外"的功能，绘制多边形框，完成"识别内外"的操作。此外，由于首层采用尺寸较大的窗户构件，在对应位置上缺少墙体，因此，使用上述操作会在这些位置出现一些识别错误，这时，可启用"手动指定平面描述"功能，单击对应构件完成修改。

请输入第一点<退出>或 多义线选实体识别内外 (D) 应用平面位置配色方案 (Z) 手动指定平面描述 (N) 楼层位置属性重计算 (L) 调整外墙 (梁) 外边 (A)：

图 7-65　命令栏中的文字提示和对应的文字按钮

此外，在激活"识别内外"时，若启用当中的其他功能，可根据用户的操作习惯，单击"识别内外"对话框下方的对应按钮（见图 7-66），或启用其中某一命令时，单击命令栏中出现对应文字的按钮（见图 7-65），激活对应功能，完成后续操作。

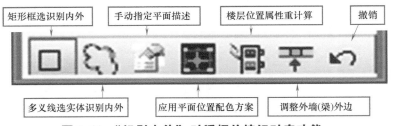

图 7-66　"识别内外"对话框的按钮对应功能

识别内外

对一些建筑物外墙构件较多的情况，如雨篷、外部过道、外部连廊等，还可在启用"识别内外"之前，利用单构件的隐藏功能，隐藏一些构件，以提高识别内外的精准度。

第8章

建筑物附属工程的工程量计算

建筑物附属工程主要指台阶、坡道、散水、女儿墙压顶、露台扶手、栏杆、脚手架和建筑面积等。定义和布置这些构件，主要使用左侧屏幕菜单栏中"其它构件"中对应的构件，如图8-1所示。

图8-1 "其它构件"所属类型

首先，将楼层切换至首层，逐层进行建筑物附属工程构件的布置。

8.1 台阶

【参考图纸】：建筑施工图图3"综合楼一层平面图"

操作1. 单击 ▶ **其它构件**，在展开的选项中单击 🐚 **台阶**，在弹出的导航器中单击 **编号** 按钮，进入台阶的"定义编号"对话框。

在建筑首层平面图中，共出现4处地方需要设置台阶，其中3处的具体做法均参见图集西南11J812 ❀ 中的做法，每个台阶均为两个踏步，且每个踏步的尺寸为300mm×150mm，如图8-2和图8-3所示。

根据标准图集做法和图纸要求，在台阶的"定义编号"对话框中，将"台阶踏步数（N）"改为"2"，"垫层二厚（mm）"改为"0"即可，如图8-4所示。

操作2. 布置前，需使用键盘"Tab"键，调整构件布置的定位点。软件将会以定位点为基点来布置台阶构件。

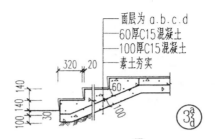

图 8-2 图纸中关于台阶中踏步的设计要求   图 8-3 西南 11J812 ③C⑦ 的做法要求

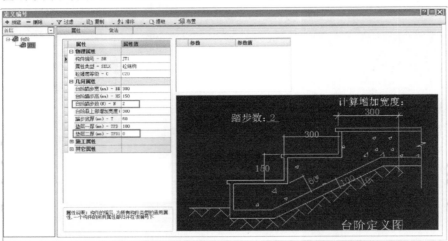

图 8-4 设置完毕的台阶的"定义编号"对话框

定位点的选取对于台阶十分重要。如图 8-5 所示，该台阶上面一个踏步边缘与轴线Ⓔ重合，且距 M1524 门位于的墙体中心线的距离为 1300mm，因此，对于该台阶选取上面踏步的边缘作为定位点，是十分合适的。

此外，该边缘的标高同室内标高为±0.000。

操作 3. 使用键盘"Tab"键，调整定位点的位置，并修改定位点上方的"顶高度（mm）"为"0"，如图 8-6 所示。

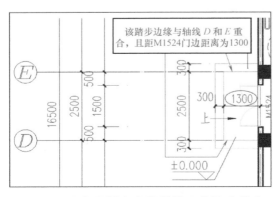

图 8-5 观察图纸中台阶的情况选取定位点

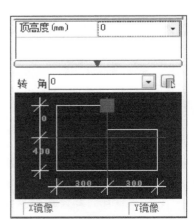

图 8-6 设置完毕的定位点和顶高度

操作4. 单击黑色绘图区域上方的功能菜单按钮栏中的 手动布置 按钮，激活该功能，以轴线①和轴线E的交点为起点，沿着该定位点所处的边缘线绘制出台阶即可，绘制过程，可以通过手动输入对应的距离数字或借助辅助线的方式完成。按照这样的方法，其余位置的台阶便不难完成，需要注意的是，在配有坡道的台阶，只能绘制到坡道边缘，如图8-7所示，坡道及其他构件将在本章节后面进行讲述。

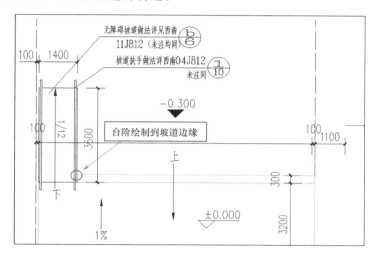

图8-7　带有坡道的台阶的绘制

需要注意的是，在建筑物轴线⑩右侧还留有一处通道，通向2号教学楼，在该位置还设计有一段台阶。与之前的台阶不同的是，其顶面标高为−0.050m，而底部标高仍然为室外地坪标高−0.300m，同时，只有两个踏步且踏步宽为300mm，如图8-8和图8-9所示。这时，每个踏步高度为125mm（台阶顶面和底部标高差除以2），因此，无法沿用之前的台阶构件，需要另行新建。

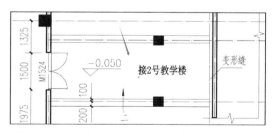

图8-8　右侧通道位置台阶（箭头指向位置）

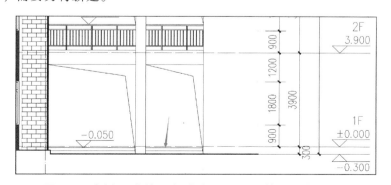

图8-9　右侧通道位置台阶的立面图（箭头指向位置）

在新建的台阶构件"定义编号"对话框中，将台阶踏步高修改为 125mm，如图 8-10 所示。

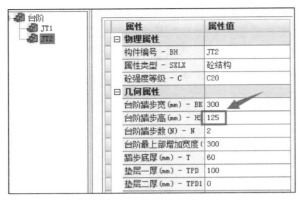

图 8-10　修改踏步高度

再在布置之前修改导航器下方属性栏"定位点高（mm）"为"-50"（见图 8-11），根据平面图的位置，完成布置即可。

图 8-11　修改定位点高

台阶构件的布置

8.2　坡道

【**参考图纸**】：建筑施工图图 3"综合楼一层平面图"

布置完台阶后，接着处理坡道构件。在首层中，坡道位于前述的布置台阶构件的左侧，如图 8-12 所示。

操作 1. 单击 ▶ 其它构件 ，在展开的选项中单击 坡道 ，在弹出的导航器中单击 编号 按钮，进入坡道的"定义编号"对话框。

操作 2. 根据设计中要求参考的图集做法（见图 8-13），修改"定义编号"对话框中对应的属性内容，未涉及的内容按软件默认属性即可，如图 8-14 所示。

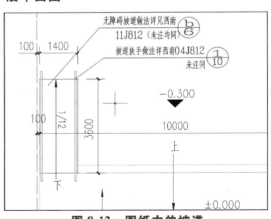

图 8-12　图纸中的坡道

布置前，导航器下方的坡顶高度和坡底高度无须调整，按默认即可，如图 8-15 所示。

操作 3. 单击黑色绘图区域上方的功能菜单按钮栏中的 手动布置 按钮，激活该功能，布置方法与台阶相同，为确保坡道的方向，以坡道左下方的端点为起点，沿着逆时针方向，绘制坡道的轮廓线即可，绘制过程中，可以通过手动输入对应的距离数字或借助辅助线的方式来完成。

坡道的布置

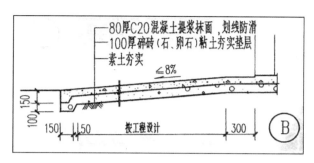

图 8-13　图集中关于坡道的做法

	属性	属性值
⊟	物理属性	
	构件编号 - BH	PD1
	属性类型 - SXLX	砼结构
	砼强度等级 - C	C20
⊟	几何属性	
	面层厚(mm) - TM	80
	垫层厚(mm) - TD	100
⊞	施工属性	
⊞	其它属性	

图 8-14　修改完毕的坡道对话框

坡顶高度(mm)	0
坡底高度(mm)	同室外地坪

图 8-15　坡顶高度和坡底高度

8.3　栏杆和扶手

【参考图纸】：建筑施工图图 3“综合楼一层平面图”

栏杆和扶手是密不可分的构件，有栏杆的位置必须设立扶手，而扶手脱离了栏杆又无法单独存在。

实例工程中，除了布置楼梯时，利用组合楼梯这样的整体构件布置栏杆和扶手外，还需在其他建筑部位布置这两种构件。在坡道、二层及以上楼层过道、楼梯间顶层位置梯口梁处以及部分窗台高度较低的窗户位置都需要另行加设栏杆及扶手。这里以首层坡道两侧的栏杆和扶手为例进行说明。

8.3.1　栏杆和扶手的定义

操作 1. 单击 其它构件 ，在展开的选项中分别单击 栏杆 和 扶手 ，在各自弹出的导航器中单击 编号 按钮，进入对应的“定义编号”对话框，分别进行各自对应构件的定义和属性设置。

定义栏杆和扶手构件时，需要参考图 8-12 中所要求的标准图集，如图 8-16 所示。标准

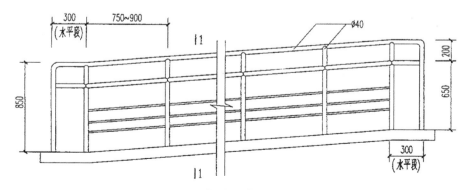

图 8-16　标注图集中的栏杆

图集有具体的尺寸规定，设置时需要严格遵照，图集中未特别注明的或注明时有多个数据的，则按照软件提供的默认值即可。还需要注意的是，为了与之前楼梯的栏杆构件"LG1"和扶手构件"扶手1"区别，这里，务必另行新建构件，不得重复使用。

<u>操作 2.</u> 依照这些要求，完成坡道栏杆和坡道扶手的构件定义和属性设置，如图 8-17 和图 8-18 所示。

属性	属性值
⊟ **物理属性**	
构件编号 – BH	坡道栏杆
材料类型 – CL	不锈钢
截面形状 – JMXZ	圆形
⊟ **几何属性**	
栏杆高(mm) – LH	850
⊟ **施工属性**	
结构类型 – JGLX	栏杆
⊞ **其它属性**	

图 8-17　设置完毕的坡道栏杆构件

属性	属性值
⊟ **物理属性**	
构件编号 – BH	坡道扶手
截面形状 – JMXZ	圆形
材料类型 – CL	不锈钢
⊞ **其它属性**	

图 8-18　设置完毕的坡道扶手构件

8.3.2　栏杆的布置

布置时，先布置栏杆，再布置扶手。

布置栏杆时，根据图集和设计图的情况（如图 8-16 所示），坡道栏杆分为三个部分，即坡道下端长 300mm 的水平段、坡道位置倾斜段以及坡道上端长 300mm 的水平段三个部分。

<u>操作 1.</u> 单击黑色绘图区域上方的功能菜单按钮栏中的 🔲 **选实体布置**，单击已布置在绘图区域中的坡道构件，这样，坡道位置栏杆的倾斜段就布置上去了。

<u>操作 2.</u> 单击 ⟨📐 **手动布置** 按钮，按图示位置绘制轮廓线，通过手动输入对应的距离数字或借助辅助线的方式来完成栏杆上下两端长 300mm 的水平段。

在布置之前，还需注意栏杆上端平直段的导航器属性栏"底高度（mm）"应设置为"0"，而下端则设置为"-300"，如图 8-19 和图 8-20 所示。

截面形状	圆形
直径	20
底高度(mm)	0
栏杆高(mm)	850
单元距(mm)	150

图 8-19　栏杆上端平直段的底高度

截面形状	圆形
直径	20
底高度(mm)	-300
栏杆高(mm)	850
单元距(mm)	150

图 8-20　栏杆下端平直段的底高度

这样，就完成该坡道的栏杆构件的布置了。

8.3.3　扶手的布置

接着，布置扶手构件。

<u>操作 1.</u> 单击黑色绘图区域上方的功能菜单按钮栏中的 🔲 **选构件布置**，激活该功能。

<u>操作 2.</u> 单击此前完成布置的坡道栏杆构件，这样，坡道扶手就布置完毕了，如图 8-21 所示。

图 8-21　布置完毕的栏杆扶手三维效果

此外，⚓选线布置 和 ⚓选双线布置 也是实际操作中经常所需要用到功能按钮，读者可以自行尝试，体会这些操作的不同。

按照上述操作，不难处理第二层及以上楼层通往 2 号教学楼中空过道以及楼梯间顶层位置梯口梁处的栏杆和扶手构件。

坡道栏杆和扶手的布置

> **温馨提示：**
>
> 　　务必注意，布置栏杆和扶手构件前，请先单击选中屏幕菜单栏对应的构件类型，否则，在绘图区域上方的功能菜单按钮栏中不会出现对应的功能按钮。

8.3.4　窗户防护栏杆的处理

根据实例工程建筑设计说明关于门窗工程的要求以及现行的验收规范，如图 8-22 所示，窗台低于 900mm 需要另设防护栏杆。

115

> 6. 窗台高度低于 900mm 处均需做护窗栏杆，护窗栏杆做法详西南 11J412—53—1b，高度为 1100mm。

图 8-22　关于窗户防护栏杆的设计要求

操作 1. 在栏杆"定义编号"对话框中，新建一个定义编号名称为"窗户防护栏杆"的构件，并根据参照的标准图集要求和设计说明规定，完成对应属性的修改，如图 8-23 所示。

操作 2. 关闭"定义编号"对话框，单击功能菜单按钮栏中的 ▣选窗布置 按钮，激活该功能，如图 8-24 所示。

操作 3. 单击命令栏中出现的 选楼层布置栏杆(E) 按钮（见图 8-25），弹出"全楼层布置栏杆"对话框（见图 8-26）。

属性	属性值
□ **物理属性**	
构件编号 - BH	窗户防护栏杆
材料类型 - CL	不锈钢
截面形状 - JMXZ	圆形
□ **几何属性**	
栏杆高(mm) - LH	1100
⊞ **施工属性**	
⊞ **其它属性**	

图 8-23　窗户防护栏杆构件属性

文件(P)	建模辅助(B)	算量辅助(E)	图量对比(L)	模型交互(D)	CAD操作(M)	数据维护(T)	工具与帮助(H)	窗口(W)

工程设置　算量设置　钢筋设置　属性查询　隐藏　辨色　编辑　刷新　构件筛选　三维着色　拷贝楼层　自动钢筋　显示　选择　查量　查看　图形管理　多层组合　钢筋布置　钢筋三维

导入图纸　冻结图层　手动布置　选线布置　选双线布置　选择梯布置　选窗布置　选实体布置　组合布置　高度调整

图 8-24　单击"选窗布置"

操作 4. 利用手动输入或下拉选项框在对话框中进行设置，完成效果如图 8-26 所示。软件已将高度的不等式锁定，无法调整，因此，设置小于 900mm 的高度，应在软件设为 899（高度设置一栏不支持小数，输入小数后会自动调为整数）。

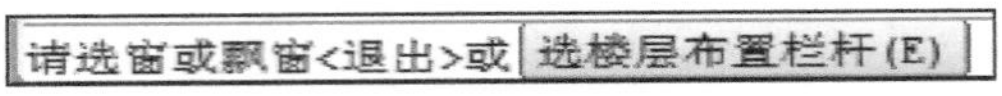

請选窗或飘窗<退出>或 选楼层布置栏杆(E)

图 8-25　单击"选楼层布置栏杆"

操作 5. 单击右下方的 布置 按钮，这样，窗台高度在此范围之内的窗户都会被布置上防护栏杆构件。

需要注意的是，设置窗户栏杆时，不可直接将应用楼层调整为全部楼层。窗台低于 900mm 的窗户，如果外部是露台或阳台，则可以不加设栏杆，因此，需要根据当前楼层情况分析考虑后才可应用，必要时，还需单独选中对应的窗户完成布置。

操作 6. 在扶手"定义编号"对话框中另行新建一个名称为"防护栏杆扶手"的构件，其属性设置如图 8-27 所示。

图 8-26　"全楼层布置栏杆"对话框的设置

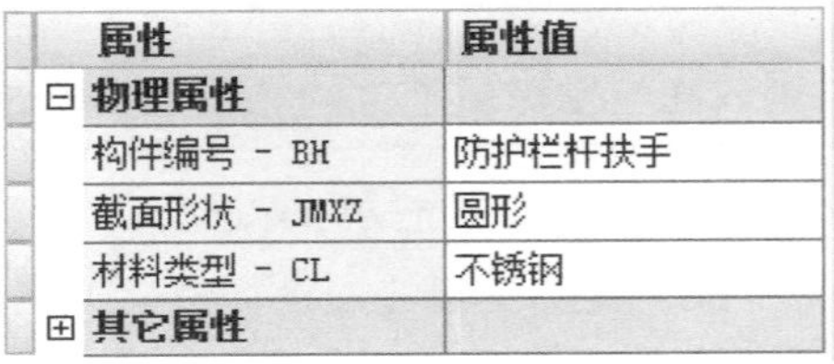

图 8-27　防护栏杆扶手的属性

操作 7. 利用构件显示功能，只显示"栏杆"构件，再利用坡道扶手的"选构件布置"功能，选中"窗户防护栏杆"构件，右击，完成扶手的布置。

由于窗户位置的栏杆出现在立面，若不作处理，难以在平面视图下处理，因此，使用构件显示功能，只显示栏杆构件是比较快捷的操作。

窗户防护栏
杆的处理

8.4　散水

【参考图纸】：建筑施工图图 3 "综合楼一层平面图"

操作 1. 单击 ▶ 其它构件 ，在展开的选项中单击 ▨ 散水 ，在弹出的导航器中单击 编号 按钮，进入散水的"定义编号"对话框。

操作 2. 根据图纸中的要求（见图 8-28），将散水的宽度修改为"700"，其余内容按图 8-29 设置即可。

布置前，导航器下方的属性栏数据保持默认数值即可，如图 8-30 所示。

操作 3. 单击绘图区域上方的功能菜单按钮栏中的 ◈ 手动布置 ，激活该功能，并确保状态栏中"对象追踪"处于打开状态，沿着建筑物四周布置。注意布置时，应在台阶、坡道、过道位置断开，而在有柱体突出墙面的位置不应绕过柱体，而应平行于墙面布置，打开"对象追踪"对这项操作将非常有帮助，如图 8-31 和图 8-32 所示。

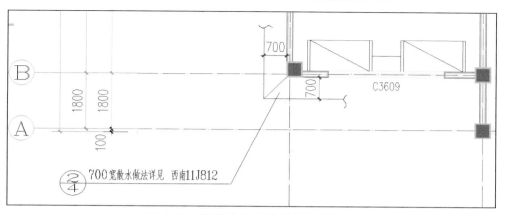

图 8-28　图纸中关于散水的设计要求

属性	属性值
☐ **物理属性**	
构件编号 - BH	SS1
属性类型 - SXLX	砼结构
砼强度等级 - C	C15
截面形状 - JMXZ	坡形

	参数	参数值
1	散水宽(mm) - B	700
2	垫层厚(mm) - H	100
3	坡度 - C	0.01

图 8-29　设置完毕的散水

截面形状	坡形 ...
形状数据	700X100X0.01
定位点高(mm)	同室外地坪

图 8-30　散水的导航器属性

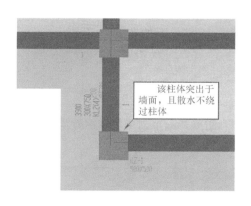

图 8-31　散水不绕过突出柱体
的布置的正确效果

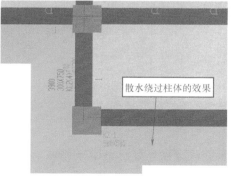

图 8-32　散水绕过突出柱体的
布置的错误效果

散水的布置

8.5　雨篷

参考图纸：建筑施工图图 4 "综合楼二层平面图" 和结构施工图图 18 "屋面层板配筋图"

117

实际工程中，雨篷主要有三种形式：①小型雨篷，如：悬挑式雨篷、悬挂式雨篷；②大型雨篷；如：墙或柱支承式，有时也是完整的柱梁板式；③新型组装式雨篷。通常，第①种和第②种形式的雨篷，使用钢筋混凝土结构先行安设，需要分别计算其混凝土和钢筋用量；而第（3）种形式雨篷采用材料的材质情况比较多样，如全钢结构、玻璃钢、PC板、铝合金加强化玻璃组合式等，由于都是由专业的生产机构加工成型，运至施工现场进行就地安装，因此，也常常称为成品雨篷。成品雨篷通常以平方米作为计价单位。

本软件并没有单独设立雨篷构件。针对第①种和第②种形式，分别布置对应的混凝土结构类型的构件，再布置对应的钢筋即可，而第③种形式，则使用能计算面积的构件"自定义面"进行布置即可。

8.5.1 钢筋混凝土雨篷

首先，将楼层切换至"首层"。通常首层的雨篷位置绘制在第二层的图纸中，但是由于钢筋混凝土雨篷内的钢筋需要锚入首层对应位置的梁体中，因此，仍需将对应的构件布置在首层。

在建筑施工图图4"综合楼二层平面图"中出现的雨篷为钢筋混凝土雨篷，其建筑做法执行注释要求"西南11J516"，如图8-33所示；而结构要求则需遵照结构施工图图18"屋面层板配筋图"中的对应要求，如图8-34所示。混凝土雨篷板构件的定义与现浇板构件类似。

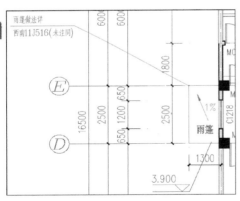

图 8-33　钢筋混凝土雨篷的位置和建筑做法要求

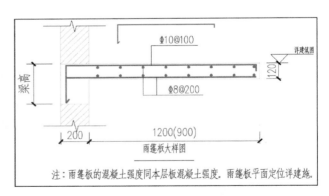

图 8-34　钢筋混凝土雨篷的结构要求

操作 1. 单击软件界面左侧屏幕菜单栏中的 ▶ 板体 按钮，在展开的选项中单击 悬挑板 选项按钮（见图8-35），在界面右侧会弹出对应的"导航器"。接着，单击导航界面上方的 编号，进入悬挑板的"定义编号"对话框界面。

操作 2. 在悬挑板的"定义编号"对话框界面，结合图8-33和图8-34的尺寸要求对属性信息栏完成如下修改，如图8-36所示。

在图8-33中，标示雨篷板外悬长度"1300"为墙体中心线到

图 8-35　单击"悬挑板"选项按钮

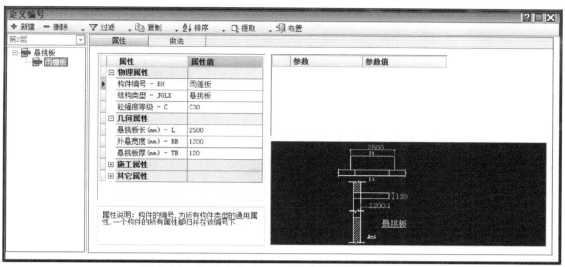

图 8-36　修改完毕的雨篷板"定义编号"对话框

外悬端部的长度，因此，需要扣除墙厚的一半"100"，因此，外悬长度为"1200"。

操作 3. 退出"定义编号"对话框，根据图 8-33 中所示情况，绘制辅助线，以方便后续布置，如图 8-37 所示。

操作 4. 导航器下方属性栏保持默认即可，如图 8-38 所示。

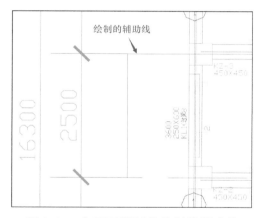

顶高 (mm)	同层高
板长 (mm)	1000
外悬宽 (mm)	300
板厚 (mm)	100

图 8-37　布置雨篷板前绘制的辅助线　　**图 8-38　雨篷板的导航器属性**

在图 8-33 中，显示雨篷板的标高为 3.900，等于首层的层顶标高。

操作 5. 单击绘图区域上方的功能菜单按钮栏中的 ![矩形布置] 矩形布置 按钮，如图 8-39 所示，激活该功能。以图 8-37 中辅助线的交点为起点，向对角线方向的轴线①与柱外面的交点绘制

图 8-39　单击"矩形布置"按钮

一个矩形即可。这样，雨篷板就布置完毕了，其标高对应图纸中的要求，如图 8-40 所示。

在二层轴线③和轴线④之间以及屋面层出入口位置也同样需要布置这样的雨篷，按照上述操作，便不难完成。

8.5.2 成品雨篷

实例工程中的成品雨篷构件，则使用"自定义面"功能来进行布置。

操作 1. 单击左侧屏幕菜单栏中的 ▶ 自定义构件 ，在展开的选项中单击 🖳 自定义面 （见图 8-41），在弹出的导航器中单击 编号 按钮，进入"自定义面"的"定义编号"对话框。

操作 2. 将构件编号名称修改为"钢雨篷"，

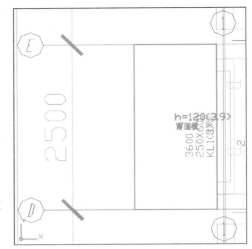

图 8-40 布置完毕的雨篷板

其余属性保持默认即可，注意，"属性类型"和"砼强度等级"是无法修改为空值的，如图 8-42 所示。

图 8-41 单击"自定义面"

属性	属性值
⊟ 物理属性	
构件编号 – BH	钢雨篷
属性类型 – SXLX	砼结构
砼强度等级 – C	C20
⊞ 施工属性	
⊞ 其它属性	

图 8-42 钢雨篷的定义编号属性

操作 3. 单击绘图区域上方的功能菜单按钮栏中的 ⊿ 手动布置 按钮，并在导航器下方属性栏中修改"顶标高（mm）"为"同层高"（见图8-43），沿着钢雨篷的轮廓线进行绘制，即可完成钢雨篷构件的布置。

顶高度(mm)	同层高 ▼
名称	自定义面
延长误差	60
封闭误差	0

图 8-43 修改成品雨篷顶高度

雨篷的处理

8.6 女儿墙压顶

【参考图纸】：建筑施工图图 7 "综合楼五层平面图 综合楼屋面层平面图"和图 13 "综合楼节点大样"

实例工程中，第五层和屋顶层女儿墙的位置还需布置压顶。

操作 1. 单击 ▶ 其它构件 ，在展开的选项中单击 ⬚ 压顶 ，在弹出的导航器中单击 编号 按钮，进入压顶的"定义编号"对话框。

实例工程中，女儿墙压顶有两个厚度尺寸（见图 8-44 和图 8-45），在构件定义时，需要针对不同厚度新建两个构件。

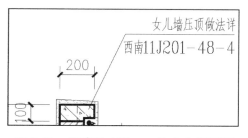

图 8-44　厚度为 100mm 的女儿墙压顶

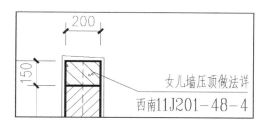

图 8-45　厚度为 150mm 的女儿墙压顶

操作 2. 按照图 8-46 所示，完成 150mm 厚压顶构件的"定义编号"设置，100mm 厚的压顶构件的定义设置按照同样的方法操作即可。

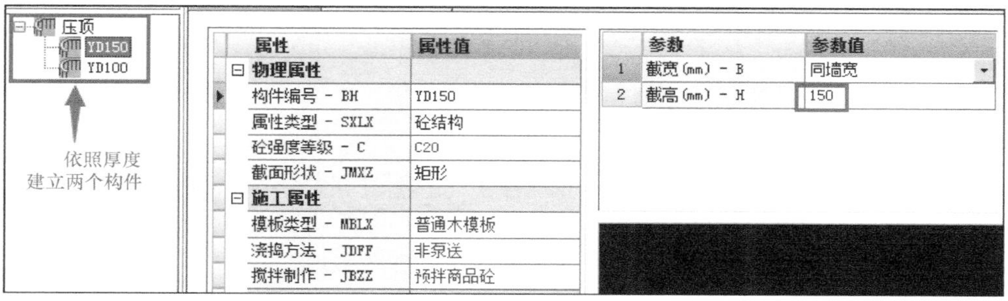

图 8-46　厚度为 150mm 的压顶"定义编号"对话框

操作 3. 退出对话框，在构件导航器下方属性栏中通过下拉选项框按钮将顶高度修改为"同墙顶"，如图 8-47 所示。

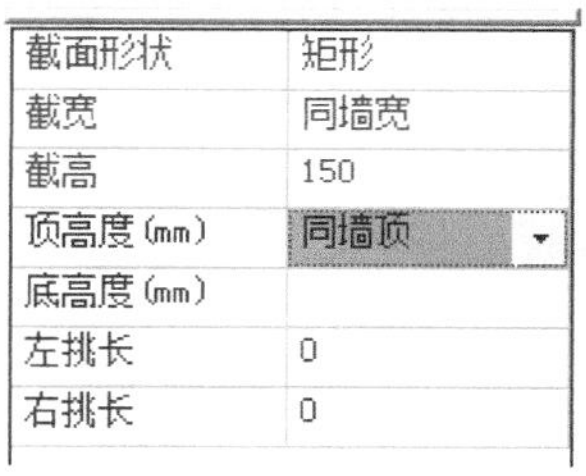

操作 4. 单击绘图区域上方的功能菜单按钮栏中的 选墙布置 按钮，激活该功能，再单击需要布置压顶的女儿墙，这样，压顶就可以完成布置了。

截面形状	矩形
截宽	同墙宽
截高	150
顶高度 (mm)	同墙顶
底高度 (mm)	
左挑长	0
右挑长	0

图 8-47　"压顶"构件导航器下方属性

8.7　混凝土反边

【**参考图纸**】：建筑施工图图 7"综合楼五层平面图　综合楼屋面层平面图"和图 13"综合楼节点大样"

实例工程中，女儿墙是在混凝土反边的顶部进行布置的，如图 8-48 所示。本软件是利用布置"防水反坎"构件来完成混凝土反边布置的。

操作 1. 单击 其它构件 ，在展开的选项中单击 防水反坎（见图 8-49），在弹出的导航器中单击 编号 按钮，进入压顶的"定义编号"对话框。

操作 2. 在"定义编号"对话框中将"构件编号"修改为"砼反边"，高度属性修改为"100"，"砼强度等级"修改为"C30"，其余不作修改，如图 8-50 所示。

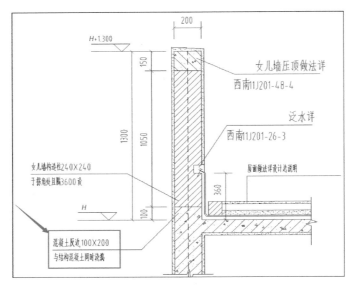

图 8-48　混凝土反边

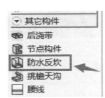

图 8-49　单击"防水反坎"

图 8-50　砼反边定义编号属性修改

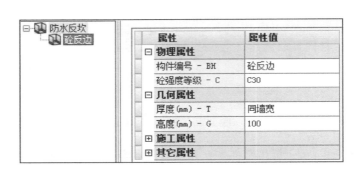

操作 3. 退出对话框，构件导航器下方属性保持默认数值，如图 8-51 所示。单击绘图区域上方的功能菜单按钮栏中的"选墙布置"按钮，激活该功能，再单击需要布置混凝土反边的女儿墙，这样，混凝土反边就可以完成布置了。

图 8-51　"砼反边"构件导航器下方属性

8.8　止水坎

【参考图纸】：建筑施工图图 7 "综合楼五层平面图　综合楼屋面层平面图"

在第五层和屋顶层的各个与室外相连的门位置，为了防止屋面积水渗入，都要设置止水坎。在此前，这些位置的门构件已经在安设高度上调整为距地 100mm，这里，接着，完成止水坎的布置即可。

操作 1. 按照混凝土反边的操作，新建一个构件，在"定义编号"对话框中其名称及其他属性按图 8-52 所示设置即可。

布置前，导航器下方的属性栏保持默认即可，如图 8-53 所示。

操作 2. 单击屏幕菜单上方的 ⬚选门布置 按钮，激活该功能，选中需要布置的门，再右击，这样就可以完成止水坎的布置了。

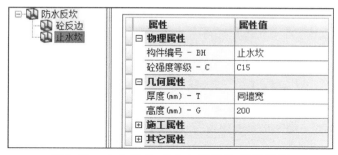

图 8-52 止水坎的"定义编号"属性设置

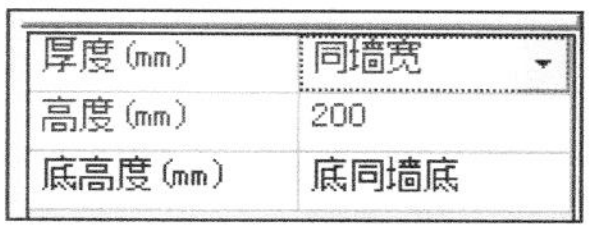

图 8-53 止水坎导航器属性

8.9 建筑面积

建筑面积在建筑工程中是一个很重要的数据，需要单独进行设置。

完成上述建筑物附属构件后，将楼层切换至首层。从首层开始逐层设置建筑面积。

操作 1. 单击 ▶ 其它构件 ，在展开的选项中单击 🗺 建筑面积 ，在弹出的导航器的构件列表中软件自动创建一个名为"JZMJ1"的构件。

在构件导航器下方的属性中只有一个设置项，即建筑面积的折算系数，共分为"全面积""1/2 全面积"以及"扣减面积"三个选项设置，如图 8-55 所示。本实例工程中，有顶盖的外墙所围护的区域均考虑全面积计入建筑面积当中，而过道和通道虽有顶盖但只有栏杆、无完整的围护结构的，只考虑 1/2 面积计入建筑面积中，而楼台、室外台阶、坡道等位置均不计入建筑面积。

操作 2. 利用构件的显示与隐藏功能，隐藏首层外部台阶、坡道、栏杆、扶手等构件以及过道位置内所有构件，并确认导航器属性中建筑面积的折算系数已设置为"全面积"。

🗐 扶手
🗐 台阶
🗐 坡道
🗐 散水
🗐 沟槽
🗐 预埋铁件
🗺 建筑面积
🗐 脚手架

123

图 8-54 单击
"建筑面积"

操作 3. 单击绘图区域上方的功能菜单按钮栏中的 ⊕ 智能布置 ▾ 右侧的 ▾ 按钮，在展开的功能选项中单击 **实体外围** ，如图 8-56 所示，激活该功能。

操作 4. 在建筑物外墙以外，任意画一个多边形线框，将首层的外墙全部包裹其中，这样，首层外墙以内的区域就完成"建筑面积"构件的布置了。

图 8-55 "建筑面积"构件导航器属性选项

图 8-56 单击"实体外围"

温馨提示:

使用"实体外围"功能布置构件时,关闭"状态栏"中的"对象捕捉"开关,方便进行自由布置多边形线框。

对于首层过道位置布置 1/2 建筑面积的情况,首先在导航器中构件属性折算系数调整为"1/2 全面积"(见图 8-57),可以在图 8-56 的展开选项中,单选"矩形布置"完成该区域的建筑面积构件布置。

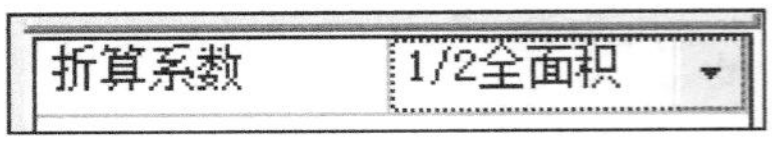

| 折算系数 | 1/2全面积 ▼ |

图 8-57 调整为"1/2 全面积"

建筑面积的布置

对于一些外形复杂或外部附属物较多的建筑物,有时,在使用"智能布置"效果不佳时,还应考虑使用"手动布置"来完成。激活"手动布置",沿着考虑建筑面积的外边线绘制一圈即可完成。

结合上述方法,便不难完成其他楼层的"建筑面积"构件布置。

8.10 脚手架

脚手架工程作为施工技术措施内容,也需要利用软件建模完成工程量的计算。建筑物脚手架工程,需要根据施工组织设计方案要求以及当地计价定额规定进行设置。本节讲述综合脚手架、满堂脚手架和砌筑脚手架的布置方法,读者可根据工程对应资料的实际情况和所在地定额的要求,对脚手架计算的种类进行取舍。

8.10.1 综合脚手架

操作 1. 单击 ▶ 其它构件 ,在展开的选项中单击 ⊠ 脚手架 (见图 8-58),在弹出的导航器中再单击 编号 按钮,进入脚手架的"定义编号"对话框。

图 8-58 单击"脚手架"

操作 2. 在"定义编号"对话框中,将构件编号名称修改为"综合脚手架","底高度(mm)"设置为"-300",其余保持默认即可,如图 8-59 所示。

由于首层综合脚手架需要从室外地坪开始搭设,因此,底高度起点需要下浮 300mm,对于其他楼层,则该底高度保持默认数值"0"即可。

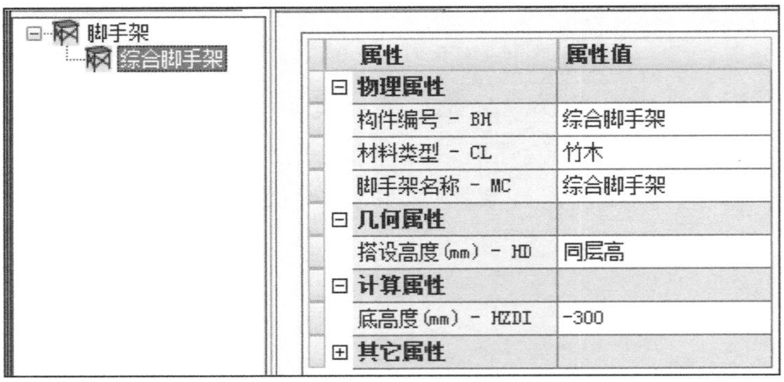

属性	属性值
□ **物理属性**	
构件编号 - BH	综合脚手架
材料类型 - CL	竹木
脚手架名称 - MC	综合脚手架
□ **几何属性**	
搭设高度(mm) - HD	同层高
□ **计算属性**	
底高度(mm) - HZDI	-300
⊞ **其它属性**	

图 8-59 "综合脚手架"的定义设置

操作 3. 综合脚手架的布置方法与建筑面积构件的布置全面积时的方法相同,使用"实体外围"布置方式,参照建筑面积布置方法便不难完成。

124

8.10.2　满堂脚手架

操作 1. 在脚手架的"定义编号"对话框，单击"新建"按钮，创建一个新的构件。

将该构件的脚手架名称通过下拉选项框修改为"满堂脚手架"，构件编号名称修改为"满堂脚手架"，其余属性保持默认即可，如图 8-60 所示。

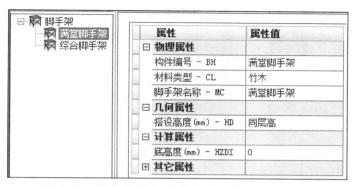

属性	属性值
□ 物理属性	
构件编号 - BH	满堂脚手架
材料类型 - CL	竹木
脚手架名称 - MC	满堂脚手架
□ 几何属性	
搭设高度(mm) - HD	同层高
□ 计算属性	
底高度(mm) - HZDI	0
⊞ 其它属性	

图 8-60　满堂脚手架"定义编号"对话框设置

操作 2. 满堂脚手架面积为室内净面积，并且不扣除墙、垛及柱的面积，需要利用构件的隐藏与显示功能，将外墙以内的梁、墙、柱等构件全部隐藏。

操作 3. 利用"智能布置"中的"点内部生成"功能，单击建筑物内部即可完成满堂脚手架的布置。

8.10.3　砌筑脚手架

砌筑脚手架并不需要创建构件单独进行布置，而只需修改输出工程量选项即可。

图 8-61　单击"算量设置"

操作 1. 单击快捷菜单栏中的 算量设置 按钮（见图 8-61），弹出"算量选项"对话框。

操作 2. 在"算量选项"对话框中，"工程量输出"标签中，单击"定额"选项，在"砌体墙"构件中"输出工程量"页面，勾选"砌墙脚手架面积"为输出内容，则该选项一栏的颜色发生改变，如图 8-62 所示。

这样，在工程量输入时，就可以查看"砌筑脚手架"的工程量数据了。

图 8-62　勾选"砖墙脚手架面积"选项

脚手架的布置

第9章

装饰工程的工程量计算

房屋的装饰工程依照所处部位可分为内装饰工程、外墙装饰、屋面装饰以及零星装饰工程。

在定义和布置对应的构件时，主要使用左侧屏幕菜单栏中"装饰"中对应的构件（见图 9-1）进行操作。

图 9-1 "装饰"构件所属类型

同样，将楼层切换至首层，从首层开始，逐层进行装饰构件的布置。

9.1 内装饰工程

【参考图纸】：建筑施工图图 2 "建筑设计说明"和建筑施工图图 3 "综合楼一层平面图"

尽管依照房间的功能和要求不同，装饰的做法差别会较大，但不同的装饰做法下，室内装饰仍可按部位分为地面（或楼面）、顶面、墙面、墙裙、踢脚等。由于每种不同部位的构件布置和操作方法大体相同，软件设立了"房间"

图 9-2 新建"房间"

构件，这种类似于"楼梯"组合构件的方法来一并布置，解决重复操作的问题。

9.1.1　房间装饰做法构件的定义

操作 1. 单击图 9-1 中的 ⊙ 装饰 ，在展开的选项中单击 🔲 房间 ，在弹出的导航器中单击 编号 按钮，进入房间的"定义编号"对话框。

操作 2. 单击 ➕ 新建 按钮，在 🔲 房间 处创建一个新的构件，软件创建的默认名称为"房间 1"，如图 9-2 所示。

不同的房间，其装修做法差别较大，需要严格依照"建筑设计说明"中的室内装修表中的内容进行设置，这里，以"荣誉室"的装饰为例进行说明。荣誉室装饰的做法见表 9-1。

表 9-1　荣誉室装饰做法表

名称	图集代号	装修做法
地面	西南 11J312	硬木地面 11J312-32-3181Db
墙面	西南 11J515	水泥砂浆刷乳胶漆墙面 11J515-7-NO8
顶面	西南 11J515	混合砂浆喷涂料顶棚 11J515-31-P05
踢脚	西南 11J312	硬木踢脚板 11J312-70-4111T

操作 3. 将图 9-2 中"构件编号"名称"房间 1"修改为"荣誉室"，如图 9-3 所示。

操作 4. 参照操作 2 和操作 3 的方法，单击 ▦ 楼地面 ，创建一个新的构件，并按照表 9-1 的要求进行对应的修改，如图 9-4 所示。其余未提及内容按默认即可。

楼地面构件必须区分楼面和地面，在"属性类型"中进行准确设置，只有在"地面"中才会出现"房心回填厚度"的设置项，而设置成"楼面"中是不存在该项内容的。

127

图 9-3　修改构件编号名称

实例工程的房心回填土厚度为 300mm，只有完成这个设置才能计算房心回填土。

操作 5. 参照操作 4 的方法，分别在 ▢ 天棚 、▢ 踢脚 和 ▢ 墙面 位置创建新的构件，并按照表 9-1 的要求进行对应的修改，如图 9-5、图 9-6 和图 9-7 所示。

图 9-4　定义完毕的荣誉室地面　　　　　　图 9-5　定义完毕的荣誉室天棚

尽管各种装饰做法差别很大，但在软件建模时，主要是根据设计要求修改对应名称，并在"抹灰面"和"块料面"两种装饰材料中设定对应的装饰材料类别。完成构件布置，导出工程量后，再在计价中考虑各种做法的差异。

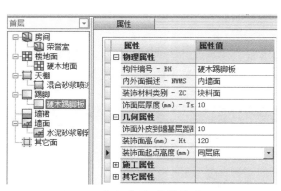

图 9-6　定义完毕的荣誉室踢脚

图 9-7　定义完毕的荣誉室墙面

9.1.2　房间构件的组合

完成房间内各个构件的新建和定义后，就可以将这些构件组合到房间里的对应栏目中去了。

<u>操作 1.</u> 重新单击  荣誉室，准备进行属性栏中各个装饰构件的组合。

图 9-8　楼地面的下拉选项框

<u>操作 2.</u> 单击"楼地面编号"属性栏位置，并单击右侧的按钮 ▼，在下拉选项框中出现刚才新建定义的构件"硬木地面"，如图 9-8 所示。

<u>操作 3.</u> 单击"硬木地面"，这样，该装饰构件就被组合进"荣誉室"这个房间构件中的楼地面属性当中。这个操作与之前处理楼梯组合各个构件非常相似。

<u>操作 4.</u> 按照操作 2 和操作 3 的方法，完成"天棚""踢脚"和"墙面"构件的组合。

9.1.3　室内装饰构件的布置

室内装饰构件的布置主要使用 ✏️手动布置 和 ✏️智能布置 ▼ 两个功能按钮。其中，✏️智能布置 ▼ 为功能集合按钮，如图 9-10 所示，若不作调整，直接单击 ✏️智能布置 ▼，则启用的是第一项功能"点内部生成"。使用 ✏️手动布置 功能进行操作，

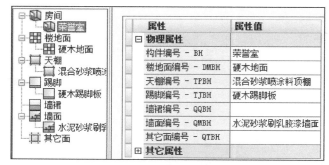

图 9-9　完成构件组合的"荣誉室"

适用的情形非常广，但缺点在于操作耗时非常长，需要严格描绘完成布置范围轮廓线，一般不作最优先考虑的操作。在室内装饰构件布置时，一般直接使用“点内部生成”，即直接单击 智能布置 按钮。

图 9-10　装饰构件“智能布置”功能按钮集合

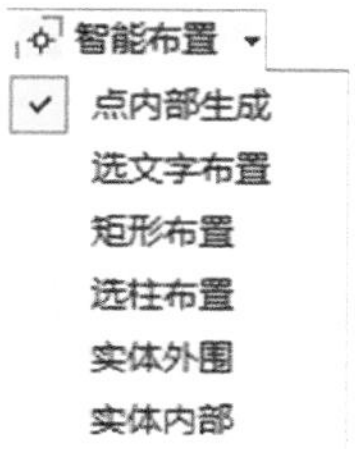

操作 1. 退出图 9-9 的对话框，单击绘图区域上方的功能菜单按钮栏中的 显示，在构件显示列表中只保留显示“柱”“门”“窗”“门联窗”和“墙”构件，其余类型构件全部隐藏。

操作 2. 单击绘图区域上方的功能菜单按钮栏中的 智能布置，激活该功能，如图 9-11 所示。

操作 3. 在构件导航器下方属性栏中，将“墙面起点高（mm）”修改为“同踢脚顶”，其余保持默认即可，如图 9-12 所示。

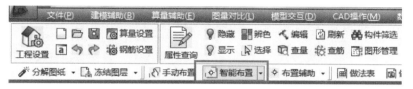

图 9-11　单击“智能布置”按钮

对于没有踢脚的墙面，则“墙面起点高（mm）”应设为“同层底”。

操作 4. 单击绘图区域中“荣誉室”的位置，这样，软件就将“荣誉室”房间装饰构件布置到对应位置上了。

二维码 35　内装饰工程的布置

布置地面	✓
布置天棚	✓
布置侧壁	✓
分解侧壁	
踢脚装饰面高(mm)	120
踢脚起点高(mm)	同层底
墙面装饰面高(mm)	同层高
墙面起点高(mm)	同踢脚顶
地面高(mm)	0
天棚高(mm)	同层高
绕柱垛	
延长误差	60
封闭误差	0
底图为边界	

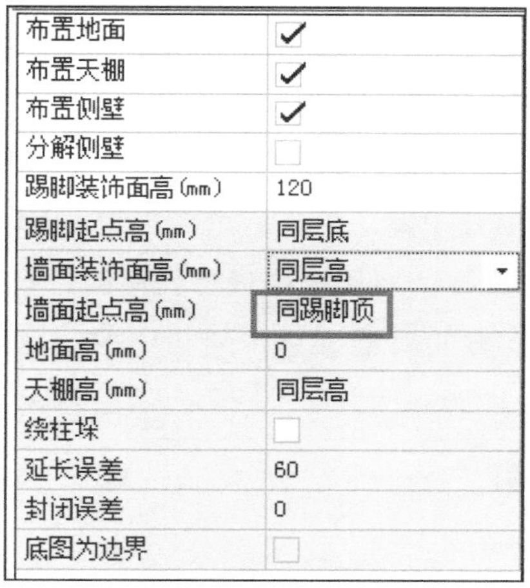

图 9-12　导航器属性修改

图 9-13　新建完成的全部房间构件

9.1.4　其他房间装饰构件布置时的注意事项

按照之前的方法，不难完成其他房间装饰构件新建、定义、组合和布置操作。在实际工作中，应先根据室内装修表，新建和定义完成各个房间与各种装饰构件（见图 9-13 和图 9-14），再依照室内装修表的要求，组合到各房间构件中各个对应装饰做法属性栏中，最后对照图纸中各个房间出现的位置完成房间装饰构件的布置工作。

需要注意的是，部分房间顶棚采用吊顶。一般情况下，施工图并不会直接给出吊顶安装高度，需要结合所在房间的梁体高度进行具体设置，通常吊顶高度贴梁底安装即可。在导航器属性中修改“天棚高（mm）”中的对应数值，即可完成吊顶安装高度的修改，如图 9-15

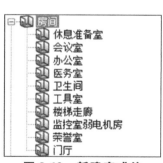

所示。

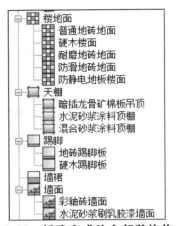

图 9-14　新建完成的全部装饰构件

图 9-15　修改吊顶安装高度

9.1.5　没有构件闭合的房间布置的注意事项

实例工程中，仍有部分区域没有墙体等构件，使得该区域无法形成完整的闭合状态，如图 9-16 所示。这样的情况是无法直接使用"智能布置"中的"点内部生成"。

操作 1.　单击左侧屏幕菜单栏中的 ▶ 自定义构件 按钮，在展开的选项中单击 ∿ 自定义线 ，在弹出的导航器中默认生成一个名称为"X1"的构件，如图 9-17 所示。

该构件无需进入"定义编号"对话框中进行任何的修改，按已创建的默认属性即可。

操作 2. 单击绘图区域上方的功能菜单按钮栏中的 ⬚ 手动布置 按钮，沿着图 9-16 中所示的"上层建筑投影线"进行绘制。

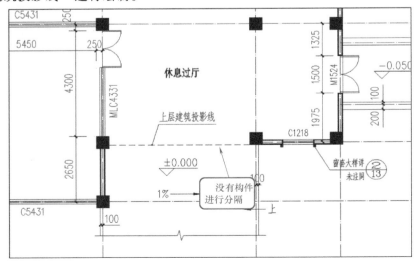

图 9-16　没有构件闭合的区域

这样，因为有"自定义线"构件的存在，在该区域位置就会形成一个在平面上完整的有实体构件分隔的闭合区域。此外，由于采用的是"自定义线"的方式，不形成一个实体的面，因此，墙面和踢脚装饰等面构件都不会在此处布置，符合实际情况。

9.1.6　零星独立柱的装饰构件的布置

按上述操作，在实例工程中仍有一些构件未布置任何的装饰构件，如首层中轴线⑨和轴线Ⓓ交点位置的 KZ-2 柱构件，需要单独进行处理，如图 9-18 所示。

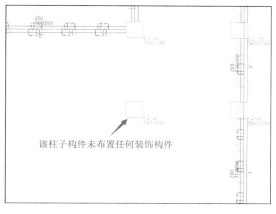

该柱子构件未布置任何装饰构件

图 9-17　导航器中自动生成的"X1"构件　　　**图 9-18　未布置任何装饰构件的柱子**

操作 1. 单击绘图区域上方的功能菜单按钮栏中的 智能布置 右侧的 ▼ 按钮，在展开的选项中单击选中 选柱布置 按钮，如图 9-19 所示，更改"智能布置"的默认布置方式。

操作 2. 接着单击绘图区域上方的功能菜单按钮栏中的 智能布置 按钮，激活该命令。

操作 3. 在绘图区域中采用单击或框选的方式选中图 9-18 中的柱子。这样，该柱子就会布置对应的装饰构件。

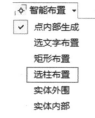

图 9-19　更改为"选柱布置"

结合本节的操作方法，完成其他楼层的室内装饰工程即可。

9.2　外墙装饰工程

【参考图纸】：建筑施工图图 8 "综合楼 1~10 轴立面图　综合楼 10~1 轴立面图"和建筑施工图图 9 "综合楼 A~G 轴立面图　综合楼 G~A 轴立面图"

外墙装饰工程主要包括外墙面和勒脚面。根据工程项目的特点，主要使用墙面、墙裙以及踢脚等装饰构件来完成。外墙装饰构件同样使用图 9-1 中的构件，其新建和定义与室内装饰工程几乎相同，但在布置方式上与室内工程有较大差别。

9.2.1　外墙装饰构件的定义

　　实例工程中，不同做法的外墙面主要是用不同的填充色加以区分，如图 9-20 所示。在勒脚位置处，并没有单独表示，因此，实例工程的外墙面只需要使用"墙面"装饰构件就可完成外墙面的装饰。

砖红色砖面　　浅灰色涂料 其余未注为乳白色涂料

图 9-20　不同的外墙面做法表示情况

　　操作 1.　单击图 9-1 中的 ▶ 装饰 ，在展开的选项中单击 墙面 ，在弹出的导航器中单击 编号 按钮，进入墙面的"定义编号"对话框。

　　操作 2.　单击对话框中的 ✚ 新建 按钮，创建一个新的构件，将新构件的"构件编号"名称修改为"砖红色砖面"，更

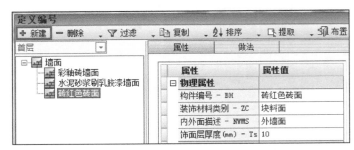

图 9-21　新建"砖红色砖面"

改"装饰材料类别"为"块料面"，以及更改"内外面描述"为"外墙面"，其余属性信息按默认即可，如图 9-21 所示。

　　操作 3.　按照操作 1 和操作 2 的方法，完成"浅灰色涂料墙面"和"乳白色涂料墙面"构件的新建和定义，如图 9-22 和图 9-23 所示。

图 9-22　定义完毕的"浅灰色涂料墙面"

图 9-23　定义完毕的"乳白色涂料墙面"

9.2.2 外墙装饰构件的布置

结合参考的施工图和实例工程中建筑物的形状特点，布置外墙装饰构件时，无法使用 ![智能布置] 功能快速完成构件的布置，因此，只能使用 ![手动布置] 功能完成。如图 9-24 所示，不考虑门窗的影响，相邻位置的墙面采用了三种不同的做法。

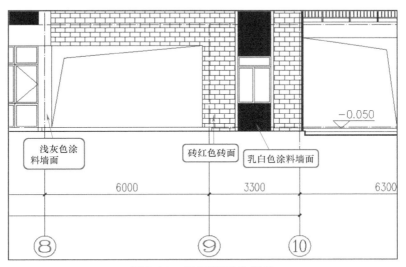

浅灰色涂料墙面

砖红色砖面　乳白色涂料墙面

−0.050

6000　　　3300　　　6300

⑧　　　⑨　　⑩

图 9-24　不同墙面的做法

操作 1. 单击绘图区域上方的功能菜单按钮栏 ![手动布置]，激活该功能。

操作 2. 结合图纸中各个位置对应的外墙面做法，在导航器选中对应的墙面装饰构件，沿着建筑物外墙的外边线一周，逐步完成布置即可。

按照这样的方法，不难完成其他楼层的外墙装饰布置。需要注意的是，在存在女儿墙的楼层中，由于女儿墙的高度不到该层的层顶位置，且没有顶面，因此，在布置这些墙面之前，需要调整到对应的高度，如图 9-25 所示。

一些工程在外墙勒脚处有单独装饰做法要求的，如图 9-26 所示，可使用"踢脚"做法构件来替代完成。在

图 9-25　有女儿墙时外墙装饰高度

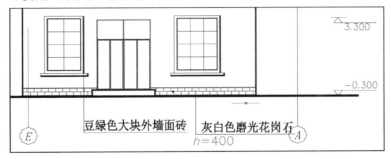

3.300

−0.300

豆绿色大块外墙面砖　灰白色磨光花岗石
h=400

E　　　　　　　A

图 9-26　勒脚处有装饰做法要求的墙面

布置前，还可以考虑使用"房间"构件，新建一个"外墙面装饰"房间构件，并将"墙面"和"踢脚"构件组合进对应做法中，方便减少布置时的重复操作时间。

9.3 零星装饰工程

在门口台阶上部、过道、女儿墙等位置也需要考虑装饰做法，如图 9-27 所示。这些位置，有的缺少墙体、有的缺少顶面，使得这些位置的装饰构件比较单一，因此，布置装饰构件时，可以不需要使用"房间"组合各装饰构件的方式来完成，只需要使用对应装饰的构件单独布置即可。

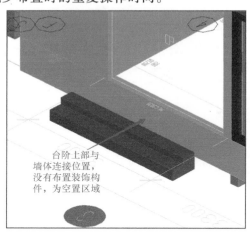

台阶上部与墙体连接位置，没有布置装饰构件，为空置区域

图 9-27　未布置装饰构件的台阶上部位置

9.3.1 平面零星装饰构件的布置

本节以室外台阶的上部位置（见图9-27）为例进行说明。

操作 1. 单击图 9-1 中的 ▶ 装饰 ，在展开的选项中单击 ⊞ 地面 。在弹出的导航器中单击选中 防滑地砖地面 ，如图 9-28 所示。

操作 2. 单击对话框上方的 ✚ 新建 按钮，新建一个构件，并将新创建的构件编号名称修

134

改为"用于台阶防滑地砖地面"，"房心回填厚度（mm）"修改为"0"，其余保持默认即可，如图 9-29 所示。

通常，设计图并不会对室外台阶顶面有具体的设计做法要求，因此，可使用其中一种地面做法进行布置。由于是在室外，不可重复计算房心回填量，因此，需要另行创建构件，将房心回填厚度设为 0，不得利用已布置完毕的地面构件将房心回填厚度修改。

操作 3. 单击绘图区域上方的功能菜单按钮栏中的 ✚ 智能布置 ▾ 中的 ▼ 按钮，在展开的选项中单击选中 矩形布置 按钮，如图 9-30 所示，更改"智能布置"的默认布置方式。

属性	属性值
⊟ **物理属性**	
构件编号 - BH	用于台阶防滑地砖地面
属性类型 - TPX	地面
装饰材料类别 - ZC	块料面
是否输出防水工程量	否
⊟ **几何属性**	
垫层一厚度(mm) - TD	0
垫层二厚度(mm) - TD	0
房心回填厚度(mm) -	0
找平层厚(mm) - TZ	20
卷边高(mm) - Ht	150
波打线宽(mm) - BDK	0
面层厚(mm) - TM	20

图 9-28　单击选中"防滑地砖地面"　　　　**图 9-29　构件"定义编号"属性内容**

操作 4. 单击 ✚ 智能布置 ，激活该功能，沿着台阶上部边缘端点向墙体沿对角线方向画

一个矩形，这样，对应的装饰构件就被布置上去了，如图 9-31 所示。

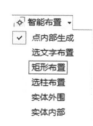

图 9-30　更改为"矩形布置"

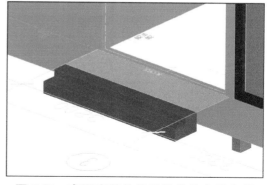

图 9-31　布置完装饰做法构件的台阶上部

按照这样的方式，需要布置零星装饰构件的其他平面位置便不难一一完成。

温馨提示：
　　对于一些布置位置不是很规则的区域，可以采用单击 手动布置 的方法，沿着区域范围的轮廓线完成布置。

9.3.2　立面零星装饰构件的布置

女儿墙的装饰可分为女儿墙内装饰和女儿墙外装饰两种情况，如图 9-32 所示。女儿墙的外装饰构件的布置方法，同 9.2.2 节的外墙装饰布置的方法，这里不再赘述。

操作 1. 单击图 9-1 中的 装饰 ，在展开的选项中单击 墙面 。在弹出的导航器中单击选中 水泥砂浆刷乳胶漆墙面 ，如图 9-33 所示。

操作 2. 单击绘图区域上方的功能菜单按钮栏中的 智能布置 中的 按钮，在展开的选项中单击选中 选墙布置 按钮，如图 9-30 所示，更改"智能布置"的默认布置方式。

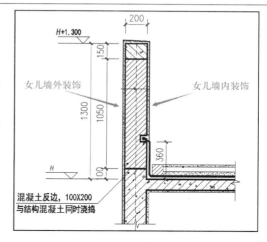

图 9-32　女儿墙内外装饰

操作 3. 布置之前，调整导航器下方的属性栏，将"墙面装饰面高（mm）"改为"同墙顶"，如图 9-34 所示。

操作 4. 单击 智能布置 ，激活该功能，鼠标移至女儿墙墙体内边线位置，如图 9-35 所示，单击鼠标左键，这样，女儿墙内装饰构件就布置完毕了。

温馨提示：
　　立面零星装饰构件布置时，需要注意构件布置的范围，否则，将导致计算的工程量存在较大偏差。使用"手动布置"的布置方法，可以完成一些"智能布置"所无法完成的情况。

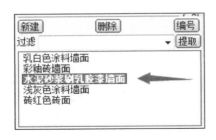

图 9-33　单击选中"水泥砂浆刷乳胶漆墙面"

图 9-34　修改女儿墙内装饰高

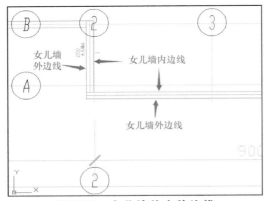

图 9-35　女儿墙的内外边线

外墙装饰及零星
装饰构件的布置

9.4　屋面装饰工程

【参考图纸】　建筑施工图图 1"建筑设计总说明"、图 7"综合楼五层平面图　综合楼屋面层平面图"和图 13"综合楼节点大样"

屋面需要考虑保温隔热、防水等要求，此外，为了屋面的排水畅通，一般平屋面还会设计找坡。因此，屋面不可使用简单的楼地面布置来充当屋面的工程量计算使用。

这里先将楼层切换至第五层。

操作 1. 单击图 9-1 中的 ▶ 装饰，在展开的选项中单击 屋面，在弹出的导航器中单击 编号 按钮，进入屋面的"定义编号"对话框。

根据图纸要求，屋面做法可分为上人屋面做法和不上人屋面做法两种，如图 9-36 所示。在第五层位置，楼台采用"上人屋面"做法，而阳台顶棚位置采用"不上人屋面"做法，如图 9-37 所示。

操作 2. 单击对话框 ✚ 新建 按钮，创建一个新的构件，将新构件的"构件编号"修改为"不上人屋面"，更改"屋面类型"为"卷材屋面"，以及更改"防水卷边高（mm）"为"360"，其余属性信息按默认即可，如图 9-38 所示。

操作 3. 鼠标单击 不上人屋面，单击对话框 ✚ 新建 按钮，创建一个新的构件"不上人屋面 1"，将该构件的"构件编号"修改为"上人屋面"，更改"保温层厚度（mm）"为

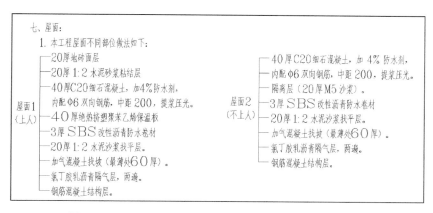

图 9-36 屋面的做法要求（上人屋面和不上人屋面）

"40"，其余属性信息按默认即可，如图 9-39 所示。

操作 4. 鼠标单击 💡 显示，在"当前楼层构件显示"窗口中除"轴线"外，其余构件均为勾选状态。

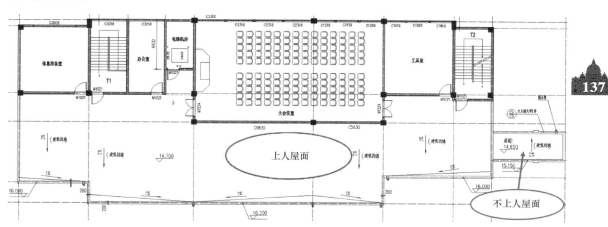

图 9-37 图纸中不同屋面做法的位置

属性	属性值
□ 物理属性	
▶ 构件编号 - BH	不上人屋面
屋面类型 - WMLX	卷材屋面
防水层做法 - ZFCS	一毡一油
顶高(mm) - DGD	同层高
□ 几何属性	
找坡最薄厚度(mm) -	30
保温层厚度(mm) - BW	30
找平层厚度(mm) - ZP	30
防水层厚度(mm) - FS	30
保护层厚度(mm) - BF	30
面层厚度(mm) - MCT	30
防水卷边高(mm) - HT	360
□ 施工属性	
□ 其它属性	

图 9-38 修改完毕的"不上人屋面"的属性内容

属性	属性值
□ 物理属性	
构件编号 - BH	上人屋面
屋面类型 - WMLX	卷材屋面
防水层做法 - ZFCS	一毡一油
顶高(mm) - DGD	同层高
□ 几何属性	
找坡最薄厚度(mm) -	30
保温层厚度(mm) - BW	40
找平层厚度(mm) - ZP	30
防水层厚度(mm) - FS	30
保护层厚度(mm) - BF	30
面层厚度(mm) - MCT	30
防水卷边高(mm) - HT	360
□ 施工属性	
□ 其它属性	

图 9-39 修改完毕的"上人屋面"的属性内容

操作 5. 单击 平屋面布置 ，再不作任何调整的情况下，启用的功能为默认布置方式"点内部生成"，如图 9-40 所示。

操作 6. 单击导航器中构件列表的"上人屋面"，单击图 9-37 中"上人屋面"的位置；再单击导航器中构件列表"不上人屋面"，单击图 9-37 中"不上人屋面"的位置，这样，屋面就布置完毕了。

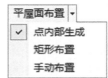

图 9-40 "平屋面布置"展开选项中的不同布置方式

软件默认的屋面安设高度为楼层顶高，在实例工程中，在第五层出现了露台以及阳台雨篷，其标高分别为 14.7m 和 14.65m，而第五层的层顶标高为 18.6m。因此，还需调整两个布置完毕的屋面标高。

操作 7. 启用"属性查询"功能，分别单击已布置的"上人屋面"和"不上人屋面"两个构件，再右击，在弹出的"构件查询"对话框中完成顶标高的修改，如图 9-41 和图 9-42 所示。

图 9-41 "上人屋面"属性修改

图 9-42 "不上人屋面"属性修改

按照此方法，完成剩余的屋面装饰布置即可。

需要注意的是，在第二层轴线Ⓐ至轴线Ⓑ，轴线②至轴线⑤区域，还有一处需要布置"不上人屋面"如图 9-43 所示。

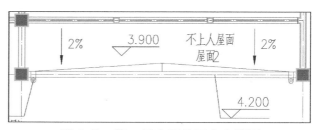

图 9-43 第二层出现的不上人屋面

第 10 章

钢筋工程的工程量计算

完成需要布置钢筋的混凝土构件后，就可以进行"钢筋布置"的相关操作了。在布置钢筋前，请务必确认"工程设置——结构说明"已按结构设计要求进行了对应修改，否则，会导致软件计算的结果与实际有较大的偏差。

10.1 软件中的钢筋符号表达

不同级别的钢筋，用不同的钢筋符号在结构图中进行表示，如图 10-1 所示。

钢筋: Φ(HPB300 级), Φ(HRB335 级), Φ(HRB400 级)

图 10-1 图纸中钢筋级别表达符号

实际工作中，直接输入钢筋级别符号十分的不便，因此，软件使用单个英文字母来替代不同级别的钢筋符号，见表 10-1。在钢筋信息输入时，只需要输入对应的字母代号，就可代表该级别的钢筋，方便快速完成钢筋信息的录入。

表 10-1 常见的钢筋及软件中的字母代号

钢筋种类	钢筋级别符号	类别归类	软件中对应使用的字母代号
HPB300	Φ	Ⅰ级钢筋	A
HRB335	Φ	Ⅱ级钢筋	B
HRB400	Φ	Ⅲ级钢筋	C
HRB500	Φ	Ⅳ级钢筋	W
CRB550	$Φ^R$	冷轧带肋钢筋	R

更多的钢筋字母代号的查看，可以通过单击软件界面上方快捷菜单栏中的 钢筋设置 按钮（见图 10-2），在弹出对话框中单击 钢筋级别 左侧的"○"，切换至对应的信息栏，在此信息栏中查看即可，如图 10-3 所示。

图 10-2 单击"钢筋设置"

序号		钢筋种类	级别名称	钢筋符号	字母表示	数字表示	类别归类
1	✓	HPB235/HPB300	普通I级钢筋	Φ	A	4	I级钢筋
2	✓	HRB335	普通II级钢筋	Φ	B	5	II级钢筋
3	✓	HRB400/RRB400	普通III级钢筋	Φ	C	6	III级钢筋
4	✓	HRB540/RRB500	普通IV级钢筋	Φ	W	8	IV级钢筋
5			热处理钢筋	Φ	E	8	II级钢筋
6			冷拉I级钢筋	Φ	F	8	II级钢筋
7			冷拉II级钢筋	Φ	G	8	II级钢筋
8			冷拉III级钢筋	Φ	L	8	III级钢筋
9			冷拉IV级钢筋	Φ	I	8	III级钢筋
10	✓		冷拔低碳钢丝	Φ	M	8	II级钢筋
11			碳素钢丝	Φ	S	8	特殊钢筋
12	✓		刻痕钢丝	Φ	K	7	特殊钢筋
13			钢绞线	Φ	J	8	特殊钢筋
14		HRB335/HRBF335	普通I级钢筋(余量)	Φ	T	5	II级钢筋
15	✓	HRB400/RRB400/HRBF400	普通III级钢筋(余量)	Φ	U	6	III级钢筋
16	✓		冷轧带肋	Φ	R	7	特殊钢筋
17			冷轧扭钢筋I型	Φ		0	特殊钢筋
18			冷轧扭钢筋II型	Φ		0	特殊钢筋
19			冷轧扭钢筋III型	Φ	Q	0	特殊钢筋
20			螺旋肋钢丝	Φ	H	0	特殊钢筋
21		HRB540/HRB500/HRBF500	普通IV级钢筋(余量)	Φ	Z	0	IV级钢筋
22		HRBF335	细晶粒热轧带肋普通II级钢筋	ΦF	H	0	II级钢筋
23		HRBF400	细晶粒热轧带肋普通III级钢筋	ΦF	K	0	III级钢筋
24		HRBF500	细晶粒热轧带肋普通IV级钢筋	ΦF	S	0	IV级钢筋
25		HRB335E	抗震II级钢筋	Φ	G	0	II级钢筋
26		HRB400E	抗震III级钢筋	Φ	L	0	III级钢筋
27		HRB500E	抗震IV级钢筋	Φ	I	0	IV级钢筋

图 10-3　软件内置的钢筋字母代号一览表

10.2　钢筋布置的方式

　　手动布置钢筋时，需要单击快捷菜单栏中的"钢筋布置"，激活该功能，再单击需要布置钢筋的构件，软件将弹出对应钢筋布置的对话框。此外，也可以先单击选中需要布置钢筋的构件，再单击快捷菜单栏中的"钢筋布置"，软件同样会弹出对应的对话框。

　　从斯维尔 BIM 三维算量软件 2016 版开始，软件新增了"编号配筋"对话框（见图 10-4），用以布置除"梁""板"以外其他混凝土构件的钢筋。用户可以单击对话框中"简图钢筋"对应的按钮，在弹出的"样式选择"对话框中选择对应的配筋样式后，如图 10-5 所示，再修改配筋规格，快速完成钢筋的布置。

　　在"编号配筋"对话框中，还可以实现相同构件钢筋的快速复制和参照操作。对于"简图样式"中缺少对应样式的情况，也可以通过单击下方的"公式钢筋"的"增加"按钮，调用 2016 版之前"表格钢筋"形式来完成配筋信息的录入，如图 10-6 所示。

　　而梁和板构件限于标注的特点，仍采用 2016 版之前的录入形式。柱构件保留了"柱平法"钢筋的录入形式，如图 10-7 所示。同时，也对应新版本增加了"编号配筋"形式，如图 10-8 所示。

　　各个钢筋的布置操作将结合实例工程在本章进行详细说明。

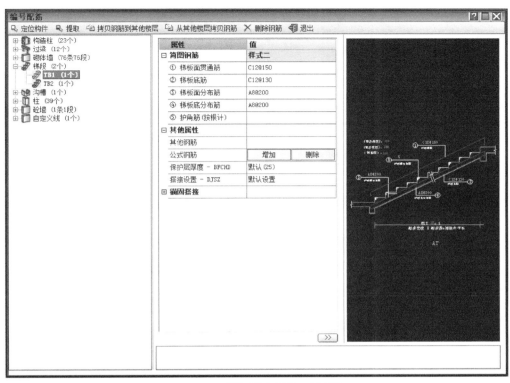

图 10-4　"编号配筋"对话框

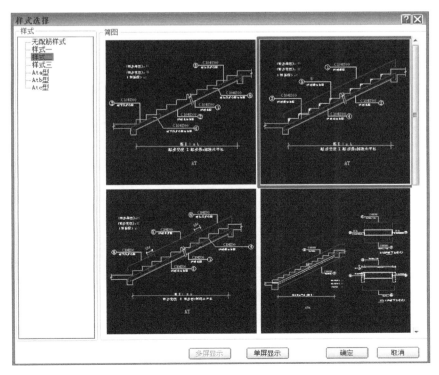

图 10-5　"样式选择"对话框

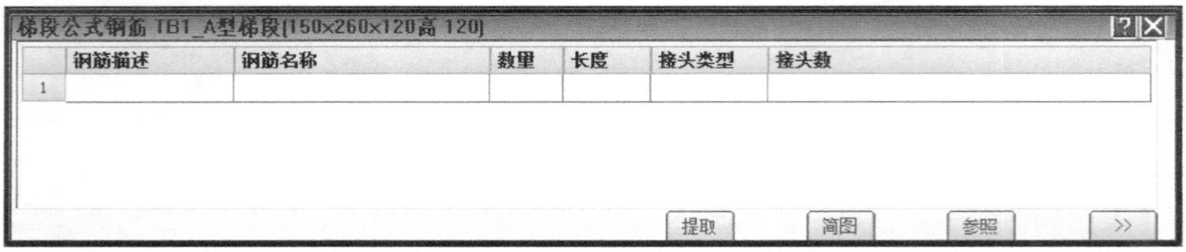

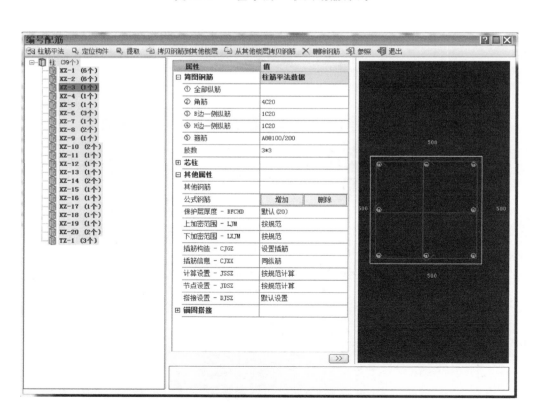

图 10-6　梯段"表格钢筋"对话框

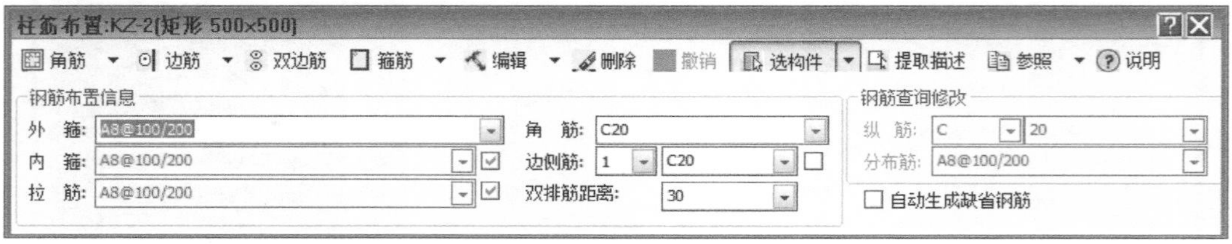

图 10-7　"柱平法"录入钢筋形式

图 10-8　柱构件"编号配筋"对话框

10.3　独立基础的钢筋布置

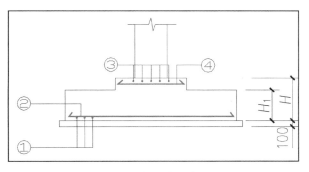

【参考图纸】：结构施工图图 2 "基础设计说明"和图 3 "基础平面布置图"

　　将楼层切换至基础层，首先进行独立基础钢筋的布置。

　　独立基础的钢筋根据构件内部布置的位置，可分为底部钢筋和顶部钢筋。在实例工程中，根据独立基础网片状钢筋构造的特点，每个部位的钢筋只需考虑设置纵向和横向的钢筋即可，如图 10-9 和表 10-2 所示。

图 10-9　独立基础剖面图

表 10-2　独立基础 J-1 和 J-2 的配筋信息

基础编号	底部钢筋		顶部钢筋	
	纵向钢筋①	横向钢筋②	纵向钢筋③	横向钢筋④
J-1	C16@ 200	C16@ 200	无	无
J-2	C16@ 150	C16@ 170	C16@ 150	C12@ 150

10.3.1　独立基础的钢筋布置操作

　　操作 1. 单击快捷菜单栏中的"钢筋布置"，激活该功能，如图 10-10 所示。

图 10-10　单击"钢筋布置"

　　操作 2. 根据命令栏中出现的提示"选择要布置钢筋的构件"，如图 10-11 所示。单击选中"J-1"独立基础构件，并弹出"编号配筋"对话框，如图 10-12 所示。

图 10-11　命令栏中出现的文字提示

　　操作 3. 单击对话框信息输入栏中第一行"简图钢筋"的"请选择样式"位置，再单击右侧出现的 ⋯ 按钮，如图 10-13 所示，弹出"样式选择"对话框（见图 10-14）。

　　操作 4. 双击"样式选择"对话框内"样式"列表中"独基式"，如图 10-14 所示。在"编号配筋"对话框中"简图钢筋"一栏被调整为"独基式"，其下方出现了配筋信息，并在右方自动生成了独立基础的平面和截面缩略图，如图 10-15 所示。

　　操作 5. 根据表 10-2 的内容，手动输入修改配筋信息，完成钢筋的布置，如图 10-16 所示。

　　信息输入栏和缩略图中的内容是相互对应的，可以根据用户录入的习惯完成配筋信息的修改。独立基础 J-1 没有基础顶部钢筋，则单击对应位置，使用键盘"Delete"键一次，就可删除对应的信息。

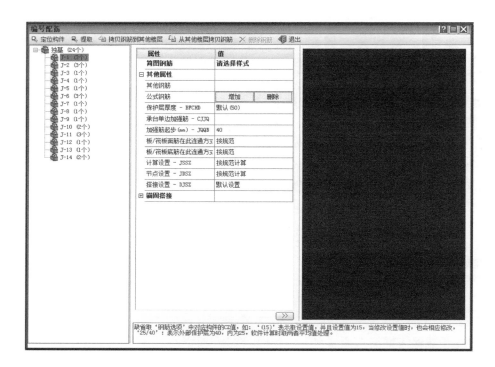

图 10-12 "编号配筋"对话框

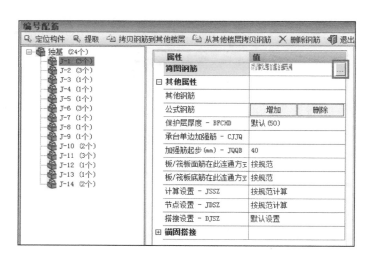

图 10-13 单击"简图钢筋"展开按钮

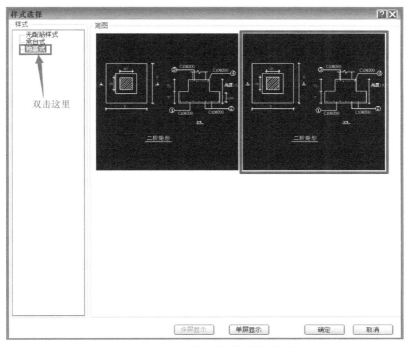

图 10-14 选择"独基式"样式

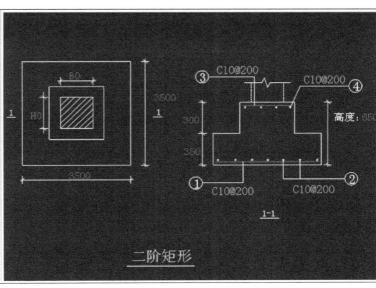

图 10-15 "编号配筋"对话框的变化

属性	值		
⊟ 简图钢筋	独基式		
① 宽方向基底筋	C16@200		
② 长方向基底筋	C16@200		
③ 宽方向基顶筋	无		
④ 长方向基顶筋	无		

图 10-16 修改完毕的独立基础 J-1 的钢筋信息

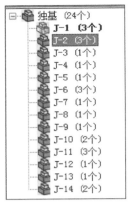

温馨提示：

需要注意的是，软件出现的对话框中的独立基础钢筋①和②的位置和对应关系与实例工程图没有固定的对应关系，需要结合图纸观察钢筋在缩略图的位置进行对应的输入。

图 10-17　构件列表的变化

完成钢筋的布置后，在对话框内的构件列表中"J-1"编号字体会加粗，且左侧的独立基础图标会变色，如图 10-17 所示。这些突出表示的方式用于提醒用户混凝土构件完成钢筋布置的情况。

在绘图区域中，已布置好钢筋的 J-1 独立基础构件会以绿色呈现，未布置钢筋的独立基础构件仍呈现原来的粉色状态，如图 10-18 所示。若关闭填充效果，则会显示对应的钢筋配置信息，如图 10-19 所示。

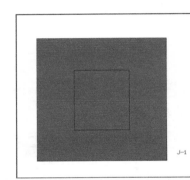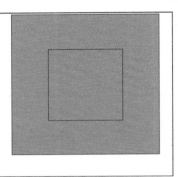

图 10-18　开启"填充"状态下的独立基础 J-1 的效果

掌握这些操作方法，不难完成所有的独立基础构件的钢筋布置。

10.3.2　构件配筋信息的"复制""粘贴"操作

在配筋信息录入时，部分独立基础的构件配筋信息相同，只是独立基础的尺寸有所区别。由于软件能够根据所布置的构件尺寸，自动匹配钢筋的计算数据，因此，针对这种重复录入的问题，软件引入了对应的处理方法。这里以具有相同配筋信息的独立基础 J-11 和 J-12 为例进行说明。

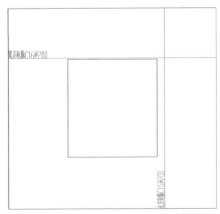

图 10-19　关闭"填充"状态下的独立基础 J-1 的效果

操作 1. 结合之前钢筋布置的方法，首先完成独立基础 J-11 的配筋信息的录入，如图 10-20 所示。

操作 2. 在构件列表中"J-11"位置，右击，在弹出的选项框中单击"复制"，如图 10-21 所示。

操作 3. 在构件列表中"J-12"位置右击，在弹出的选项框中单击"粘贴"，如图 10-22 所示，这样，J-11 的配筋信息就完全复制到 J-12 当中去了。

图 10-20　完成独立基础 J-11 的配筋信息

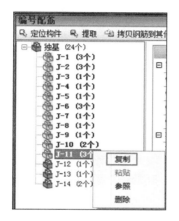

图 10-21　单击"复制"

图 10-22　单击"粘贴"

147

需要注意的是，单柱独立基础和双柱独立基础，在构件定义时，其选择的形状类型不同，因此，截面形状不同的构件是无法使用构件列表中的"复制"和"粘贴"操作的，如无法将单柱独立基础的配筋信息复制到双柱独立基础构件中。

10.3.3　构件配筋信息的"参照"操作

此外，还可利用"参照"操作实现配筋信息的快速录入。

<u>操作</u> 1. 完成 J-11 配筋信息录入后，还可直接在构件列表中"J-12"位置右击，在弹出的选项框中单击

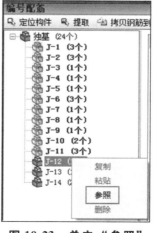

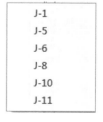

图 10-23　单击"参照"

图 10-24　弹出的构件列表选项框

"参照"，如图 10-23 所示。这时，在鼠标右侧位置弹出已完成配筋信息录入构件编号列表，并且该列表中的构件与 J-12 属于同一类型，如图 10-24 所示。

操作 2. 单击选项框当中的 "J-11"，则 J-11 的配筋就会匹配到 J-12 的配筋信息内容当中了。

配筋信息录入时，除了配筋完全相同的构件可以采用这样的方法外，对于配筋信息相似的，也可采用 "复制" "粘贴" 或 "参照" 的方法来完成。完成 "复制" "粘贴" 或 "参照" 操作后，再在匹配的配筋信息中进行简单的修改，就可完成对应构件的配筋信息操作了。

独立基础的
钢筋布置

10.4　钢筋三维

完成混凝土构件的钢筋布置后，有时还需要观察钢筋构造情况，用于初步核查布置的钢筋构造的准确度，这时，利用软件提供的 "钢筋三维" 功能，可以对混凝土构件三维视图进行直观的显示，从而完成初步的钢筋核查工作。

操作 1. 单击 "钢筋布置" 右侧的 钢筋三维 按钮，激活该功能。这时，绘图区域自动调整到关闭 "填充" 状态下的三维观察视图，并弹出 "钢筋三维" 对话框，如图 10-25 所示。

在 "钢筋三维" 对话框中，共设置了 "柱" "梁" "墙" "板" "独基" "条基" "筏板" 和 "坑基" 共八个标签选项，观察具体的混凝土构件钢筋时，应先需确保先单击选中对应的标签选项，再选中对应的构件，才可实现选中构件钢筋的三维观察效果，未选中的构件则不会显示。这样的设置是为了减小同时显示所有构件的钢筋对电脑配置和用户观察的负担。此外，在每个标签选项钢筋的下方，还设置了该混凝土构件中出现的钢筋类型，通过勾选对应的钢筋类型，可以尽可能地减少干扰，实现对应钢筋构造地精确观察。

操作 2. 单击 "钢筋三维" 对话框中的 "独基" 标签，再单击下方的 选择构件 ，如图 10-26 所示，最后在绘图区域中单击选中独立基础 J-1，这样，绘图区域中就会显示该基础的钢筋构造的三维视图，如图 10-27 所示。

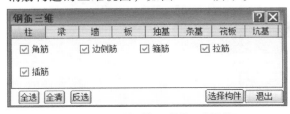

图 10-25　"钢筋三维" 对话框　　　　　图 10-26　选择 "独基" 构件

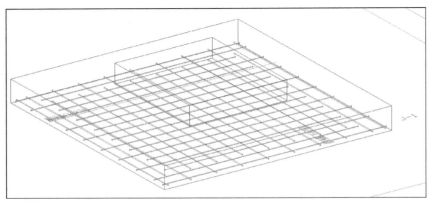

图 10-27　独立基础 J-1 的钢筋三维视图

及时观察混凝土构件的钢筋三维效果，能有效地改善初次学习斯维尔 BIM 三维算量软件时，在钢筋布置操作上的准确率不高的问题，对于初涉本软件的用户十分重要。

> **温馨提示：**
>
> 　　除了柱、梁、墙、板、独基、条基、筏板和坑基这些混凝土构件外，软件无法显示其他零星混凝土构件钢筋的三维效果。

10.5　条形基础的钢筋布置

【参考图纸】： 结构施工图图 4 "地梁配筋图"

基础梁的钢筋情况的注写方式分为集中标注和原位标注。按照内部钢筋的情况，基础梁的钢筋可分为上部钢筋、底部钢筋、支座负筋、侧部钢筋、箍筋、拉筋和吊筋等，属于典型的钢筋笼式构造，在钢筋布置时，相较于独立基础，属于操作比较复杂的情况。

本节以多跨的基础梁 DKL13（6）为例，对基础梁的钢筋布置进行详细说明。基础梁 DKL13（6）的配筋信息及截面变化情况见表 10-3。

表 10-3　基础梁 DKL13（6）的配筋信息及截面变化情况

标注情况	箍筋	上部钢筋	下部钢筋	左支座负筋	右支座负筋	侧部钢筋	拉筋	加强筋	其他筋	标高变化	截面变化
集中标注	A8@200（2）	3C18	3C18			G4C12					
第 1 跨原位标注											
第 2 跨原位标注		4C18	4C18	4C18	4C18	G6C12					250mm×700mm
第 3 跨原位标注		4C18	4C18		4C18	G6C12					250mm×700mm
第 4 跨原位标注											
第 5 跨原位标注											
第 6 跨原位标注											

操作 1. 单击快捷菜单栏中的"钢筋布置"，激活该功能。

操作 2. 根据命令栏中出现的提示"选择要布置钢筋的构件"，单击选中"DKL14"基础梁构件，并弹出"梁筋布置"对话框，如图 10-28 所示。

图 10-28　"梁筋布置"对话框

在"梁筋布置"对话框中，根据表 10-3 内容，进行对应的配筋信息录入。需要注意的是，面筋对应的是顶部钢筋，底筋对应的是底部钢筋，腰筋则对应侧部钢筋，其余与表 10-3 对应内容无异。

根据录入的方式，还可分为鼠标点选录入和手动录入的方式。

10.5.1 条形基础的钢筋录入——鼠标点选录入方式

操作 1. 箍筋配筋信息录入。单击"集中标注"右侧和箍筋一列下方的输入栏，再单击输入栏中出现的 ... 按钮，在展开的钢筋类型选项中单击"分布筋"，并依次单击右侧展开选项框中"级别"一列的"A"，"直径"一列的"8"，"加密"一列的"200"和"分布"一列中的上方空白处以及"（m"一列中的"2"，最后使用一次键盘回车键，完成箍筋配筋信息的录入，如图 10-29 所示。

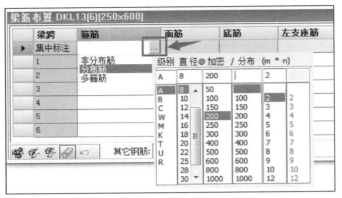

图 10-29 点选录入箍筋信息

操作 2. 面筋配筋信息录入。单击面筋一列对应的输入栏，再单击输入栏中出现的 ... 按钮，在展开的钢筋类型选项中单击"非分布筋"，并依次单击右侧展开选项框中"个数"一列的"3"，"级别"一列的"C"，"直径"一列的"18"，最后使用一次键盘回车键，完成面筋配筋信息的录入，如图 10-30 所示。

在钢筋描述中，带有"@数字"标示的表示按数字等间距布置，在展开的钢筋选项种类中属于分布筋，而不带"@数字"的属于非分布筋。此外，展开选项中没有对应的，可在对应该列中第一个空白输入栏中进行手动输入完成，如 DKL13 箍筋并没有区分加密和非加密，因此，在"/分布"一列就需要单击空白输入栏。

操作 3. 底筋配筋信息录入按照操作 2 的方法完成即可。

操作 4. 腰筋信息录入。单击腰筋一列对应的输入栏，再单击输入栏中出现的 ... 按钮，在展开的钢筋类型选项中单击"非分布筋"，并依次单击右侧展开选项框中"类型"一列中的"构造"，"个数"一列的"4"，"级别"一列的"C"，"直径"一列的"12"，最后使用一次键盘回车键，完成腰筋配筋信息的录入，如图 10-31 所示。

图 10-30 点选录入面筋配筋信息

图 10-31 点选录入腰筋配筋信息

腰筋分为构造钢筋和抗扭钢筋两种类型，分别以字母 G 和 N 进行表达，根据配筋信息，在“类型”一列单击对应的类型即可。

操作 5. 原位标注的配筋信息录入。按照操作 2 至操作 4 的方法，完成原位标注的对应钢筋的录入，原位标注对标高和截面大小有变化的，直接使用手动输入完成即可。这样就可完成 DKL13 所有的配筋信息录入操作，如图 10-32 所示。

梁筋布置 DKL13[6][250×600]

梁跨	箍筋	面筋	底筋	左支座筋	右支座筋	腰筋	拉筋	加强筋	其它筋	标高(m)	截面(mm)
集中标注	A8@200(2)	3C18	3C18			G4C12	2*A6@400			-0.8	250x600
1											250x600
2		4C18	4C18	4C18	4C18	G6C12	3*A6@400				250x700
3		4C18	4C18		4C18	G6C12	3*A6@400				250x700
4											250x600
5											250x600
6											250x600

其它钢筋: … 缺省　识梁 组跨 设置 核查　选择 参照 布置 下步(N)

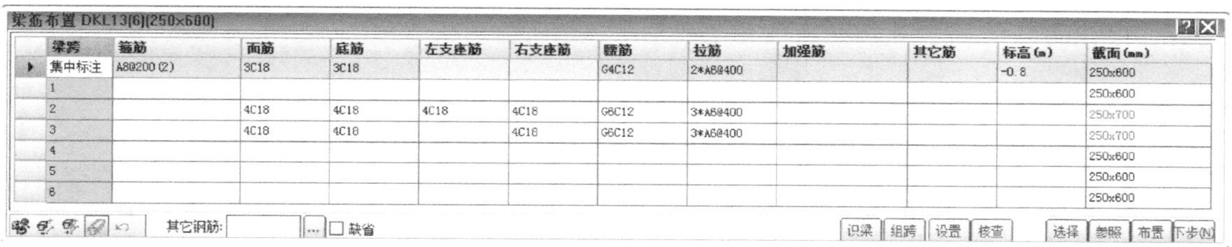

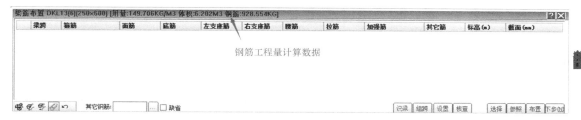

图 10-32　完成配筋信息录入的 DKL13

操作 6. 最后，单击对话框下方 布置 ，完成钢筋的布置。

这时，配筋信息录入栏消失，在对话框上部标题栏出现基础梁 DKL13 的钢筋工程量计算数据，表明钢筋已布置在对应的构件当中，如图 10-33 所示。

图 10-33　对话框的变化

> **温馨提示：**
> 拉筋布置，软件按照图集标准进行默认设置自动生成，除非设计特殊所需，一般拉筋不作单独录入处理。

10.5.2　条形基础的钢筋录入——手动录入方式

在图 10-28 中，除了采用 10.5.1 节鼠标点选录入的方式外，还可采用使用手动录入方式，手动录入方式的优点在于自由度高，但需要确保输入的形式符合软件的要求。斯维尔 BIM 三维算量软件对钢筋录入的形式除了钢筋级别符号采用字母代号替代外，其他的完全遵照钢筋平法图集规定的要求，因此，除了替换钢筋符号外，其他只需要根据图纸上的钢筋标示完成信息录入即可。

条形基础的钢筋布置

结合鼠标点选录入和手动录入方式，使用“钢筋布置”功能，依次单击选中各个地梁构件便不难完成所有的地梁构件的钢筋布置工作了。

> **温馨提示：**
> 地梁内的主次梁相交处附加箍筋会自动布置完成，不需要另行处理。

10.6 柱子的钢筋布置

【参考图纸】：结构施工图图 1 "结构设计总说明"、图 2 "基础设计说明"、图 5 "基础层~首层柱平面布置图" 和图 8 "柱配筋表"

柱构件的钢筋分为纵筋、箍筋和拉筋，其中，纵筋根据所处的位置可分为角筋、b 边中部筋（又称 b 边边侧筋）和 h 边中部筋（又称 h 边边侧筋）三种情况，而箍筋又可分为外部箍筋（简称外箍）和内部箍筋（内箍）。

10.6.1 柱构件钢筋保护层厚度的统一修改

在图 2 "基础设计说明" 中，基础层中柱的钢筋保护层厚度为 30mm（见图 10-34），与 "结构设计总说明" 中的柱的钢筋保护层厚度 20mm（见图 10-35）有出入，由于其他楼层的柱构件的钢筋保护层厚度仍然为 20mm，因此，在布置钢筋前，应先统一修改基础层柱的钢筋保护层厚度为 30mm。

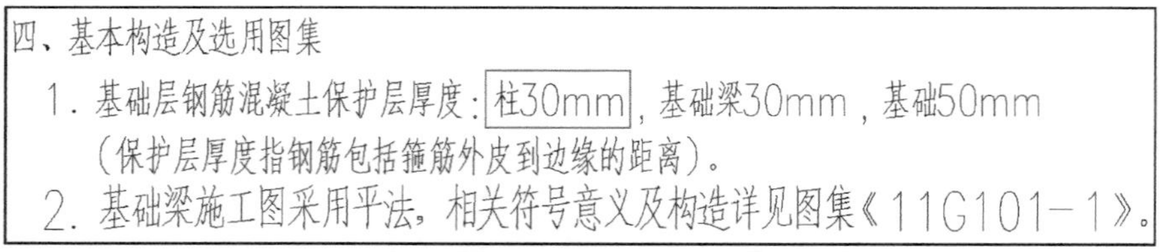

> 四、基本构造及选用图集
>
> 　1．基础层钢筋混凝土保护层厚度：柱30mm，基础梁30mm，基础50mm
> 　（保护层厚度指钢筋包括箍筋外皮到边缘的距离）。
> 　2．基础梁施工图采用平法，相关符号意义及构造详见图集《11G101-1》。

图 10-34　"基础设计说明" 中的柱钢筋保护层厚度

这里，可以参考首层中已布置的实体构件属性修改——属性查询的方法，全选所有基础层的柱构件，再在 "构件查询" 对话框中统一完成保护层厚度的修改，如图 10-36 所示。

> 七、基本构造及选用图集
>
> 　1．钢筋保护层：板15mm，梁20mm，柱20mm；

图 10-35　"结构设计总说明" 中的柱钢筋保护层厚度

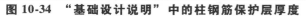

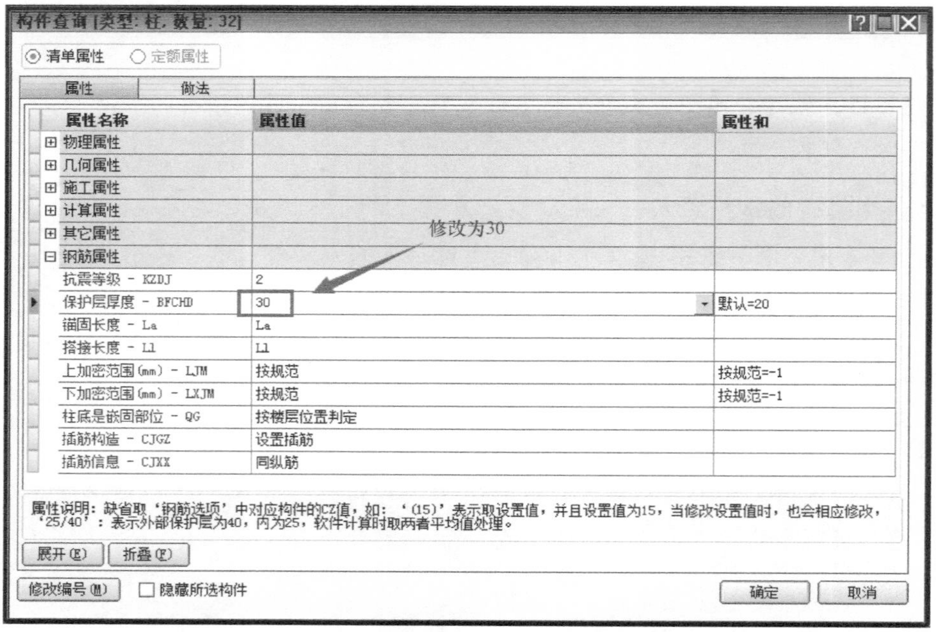

图 10-36　统一修改基础层的柱钢筋保护层厚度

接着，就可以根据图 8 "柱配筋表" 中的配筋信息，进行钢筋的布置了，本节以 KZ1 为例，说明柱子的箍筋布置情况。基础层 KZ1 的配筋信息见表 10-4。

表 10-4　基础层 KZ1 的配筋信息

柱号	全部纵筋	角筋	b 边边侧筋	h 边边侧筋	箍筋类型号	箍筋
KZ1		4C20	2C16	2C16	1(4×4)	A8@ 100/200

10.6.2　柱子的钢筋布置操作

操作 1. 单击快捷菜单栏中的 "钢筋布置"，激活该功能。

操作 2. 根据命令栏中出现的提示 "选择要布置钢筋的构件"，单击选中绘图区域 KZ1 柱构件，弹出 "柱筋布置" 对话框，如图 10-37 所示。

图 10-37　弹出的 "柱筋布置" 对话框

操作 3. 根据表 10-4 的配筋信息要求，利用手动输入方法或点选下拉选项框的方法，完成配筋信息的修改，如图 10-38 所示。通常情况下，图纸中不额外标示拉筋的情况，其配筋信息执行箍筋的配筋要求。

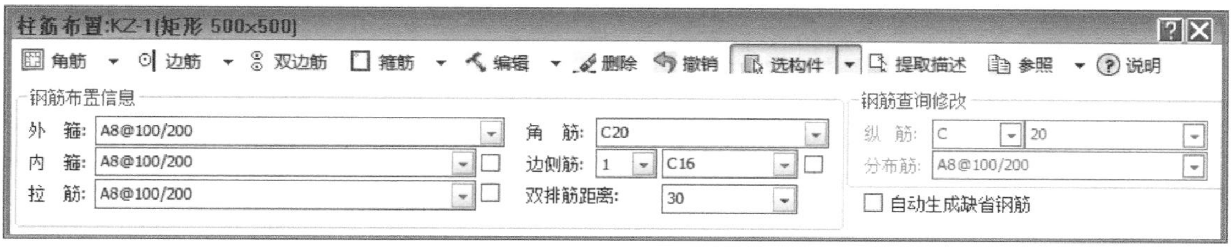

图 10-38　完成配筋信息修改 KZ1 "柱筋布置" 对话框

关于柱筋布置的操作，软件参照了对应的平法图集，应先完成角筋、边侧筋的布置，再完成箍筋的布置。

操作 4. 单击对话框上部 角筋 按钮，角筋便会直接布置到 KZ1 柱构件的角部位置，如图 10-39 所示。

操作 5. 单击对话框上部 双边筋 按钮（见图 10-40），单击 KZ1 构件 b 边位置一次，则 KZ1 构件 b 边位置上下各对称布置一根直径 16mm 的纵筋，如图 10-41所示。

图 10-41 与表 10-4 中的 KZ1 的 b 边的边侧筋配筋数量不符，因此，还需添加钢筋。

操作 6. 再次单击 KZ1 构件 b 边位置一次，则 KZ1

图 10-39　布置完毕角筋的 KZ1 构件

构件 b 边位置上下再次各对称布置一根直径 16mm 的纵筋，如图 10-42 所示。

图 10-40　单击"双边筋"按钮

单击对应的位置一定次数，则布置对应根数的边侧筋。柱的边侧筋一般情况下是对称布置

图 10-41　布置 b 边钢筋的 KZ1

图 10-42　再次布置 b 边钢筋的 KZ1

的，因此，使用 **双边筋** 功能非常方便，如遇到特殊情况，可以单击 **边筋** 按钮，逐根布置边侧筋即可。

操作 7. 按照操作 5 和操作 6 的方法，完成 h 边的边侧筋，如图 10-43 所示。

此外，还可通过更改边侧筋规格左侧的数字（见图 10-44），实现只单击一次便可以布置多根边侧筋的功能，从而减少多次单击鼠标的情况，非常适合边侧筋根数较多的情况。实例工程中，由于边侧筋的数量较少，因此，这里修改的效果不是特别明显。

图 10-43　完成边侧筋布置的 KZ1

布置箍筋前，还需要了解柱子箍筋组成和拆解情况。在柱筋表中，已给出箍筋类型参考图（见图 10-45），根据《混凝土结构施工图平面整体表示方法制图规则和构造详图（现浇混凝土框架、剪力墙、梁、板）》（11G101-1）中的要求，4×4 的箍筋的拆解情况如图 10-46 所示，其余箍筋拆解图可查阅平法图集对应的其他内容。

钢筋布置信息			钢筋查询修改	
外　箍:	A8@100/200(4*4)	角　筋: C20	纵　筋:	C ▾ 20 ▾
内　箍:	A8@100/200(4*4) ▾ ☑	边侧筋: 1 ▾ B16 ▾ □	分布筋:	A8@100/200(4*4) ▾
拉　筋:	A8@100/200(4*4) ▾ ☑	双排距离: 30 ▾	□ 自动生成缺省钢筋	

图 10-44　修改边侧筋的一次单击时布置的数量

操作 8. 单击对话框中的 **箍筋** 按钮，首先布置外部箍筋。根据图 10-45 和图 10-46 单击箍筋的弯勾处，沿对角线方向画矩形框，直至对角线的角筋处，完成外部箍筋的布置，如图 10-47 所示。

操作 9. 无需再次单击 **箍筋** 按钮，按照操作 8 的方法，完成内部箍筋的布置（见图 10-48）。

箍筋类型1(m×n)

图 10-45　图纸中柱箍筋参考图

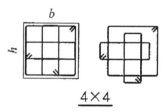

4×4

图 10-46　4×4 箍筋的钢筋拆解图

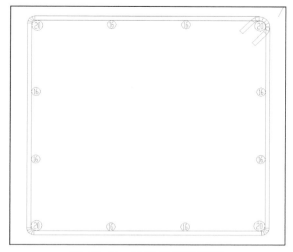

图 10-47　外部箍筋的布置

图 10-48　内部箍筋的布置

处理拉筋时的操作方法也与之相同。

这样，KZ1 的柱内钢筋就全部完成，且由于位于独立基础之上，软件还会自动生成插筋，如图 10-49 所示。布置完钢筋的柱构件同样会显示为绿色。

10.6.3　快速切换需要配筋的柱构件

实际工作中，由于柱构件的数目较多，如果在绘图区域中逐个寻找，单击选中，再进行钢筋布置，将会耗费不少时间。

操作 1. 在"柱筋布置"对话框，单击对话框中的 选构件 ▼ 按钮右侧的 ▼ 按钮，则弹出"选择要配筋的柱"下拉选项框，如图 10-50 所示。

操作 2. 单击下拉选项框中需要布置的"KZ-2"柱构件编号，则"柱筋布置"窗口切换至"KZ-2"，如图 10-51 所示。

采用此方法，就不需要在绘图区域中重新寻找选中新的需要布置钢筋的柱构件，从而提高柱筋布置的效率。

10.6.4　柱子边侧筋不完全相同时的处理

柱筋布置时，会遇到 b 边和 h 边边侧筋不一致的情况（见图 10-52），如标高范围为 14.700～18.600m 的 KZ-3 构件，其 b 边边

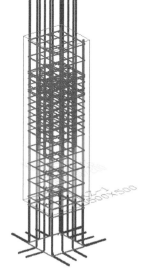

图 10-49　布置完柱筋的 KZ1 柱子的三维效果图

155

侧筋为 1 ϕ 18，h 边边侧筋为 1 ϕ 16。应先按其中一种钢筋规格布置完毕，再另行选中编辑修改。

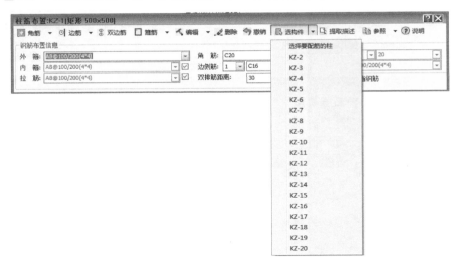

图 10-50　"选择要配筋的柱"下拉选项框

图 10-51　"KZ-2"的"柱筋布置"对话框

156

柱号	标　高/m	$b \times h(b_i \times h_i)$ (圆柱直径D)	全部纵筋	角　筋	b 边边侧筋	h 边边侧筋
KZ-1	基础顶~3.900	500×500		4 ϕ 20	2 ϕ 16	2 ϕ 16
	3.900~14.700	450×450		4 ϕ 18	1 ϕ 16	1 ϕ 16
KZ-2	基础顶~3.900	500×500	12 ϕ 16			
	3.900~7.500	450×450	8 ϕ 16			
	7.500~14.700	450×450	8 ϕ 16			
KZ-3	基础顶~3.900	500×500	12 ϕ 16			
	3.900~14.700	450×450	8 ϕ 16			
	14.700~18.600	450×450		4 ϕ 18	1 ϕ 18	1 ϕ 16

图 10-52　KZ-3 柱构件的 b 边和 h 边边侧筋不一致的情况

操作 1. 先按其中一种钢筋规格完成 KZ-3 柱筋的布置，如 h 边边侧筋可先按 b 边边侧筋的规格完成钢筋的布置，如图 10-53 所示。

操作 2. 单击对话框中的 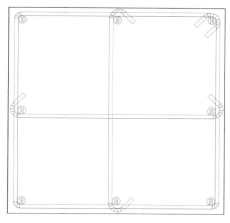 按钮，激活该功能，如图 10-54 所示。

操作 3. 一次框选中 h 边两侧的边侧钢筋。这时，窗口右侧的"钢筋查询修改"输入栏由之前无法编辑的灰显状态变为可编辑状态，如图 10-55 和图 10-56 所示。

操作 4. 在"钢筋查询修改"输入栏中，利用手动输入或单击选中下拉选项框选项的方法，将纵筋修改为 C16 即可，如图 10-57 所示。这样，选中的 h 边纵筋就完成了对应规格的修改，如图 10-58 所示。

图 10-53　完成钢筋布置的 KZ-3 构件
（14.700～18.600m）

图 10-54　单击"柱筋布置"对话框中的"编辑"按钮

图 10-55　单击"编辑"前的"钢筋查询修改"输入栏为灰显状态

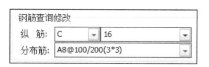

图 10-56　"钢筋查询修改"输入栏为可编辑状态　图 10-57　修改完成"钢筋查询修改"输入栏

10.6.5　柱筋布置时的撤销与删除

柱筋布置时，难免出现布置错误的情况，可以使用"撤销"功能，回到上一步正确操作的情况；在需要单独删除构件中某几根钢筋，又不适合使用撤销的情况，可以使用"删除"功能，实现快速删除其中需要处理的钢筋。

单击 ↶撤销 按钮，启用"撤销"功能。单击一次，则回到前一步操作，单击两次，则回到前两步操作，以此类推，根据需求，进行调整即可。

单击 ✍删除 按钮，启用"删除"功能。只能采用框选的方式选中需要删除的钢筋，无法使用点选的方式。启用该功能后，被框选中的钢筋即刻被直接删除完毕。

结合上述方法，不难完成所有柱构件的钢筋布置操作。

如需在"编号配筋"对话框中布置柱筋，可以先单击选中其中任意一个柱子，再右击，在弹出的选项功能列表中单击 钢筋布置 按钮（见图 10-59），软件就会弹出"编号配筋"对话框。

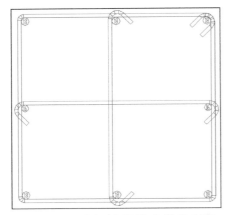

图 10-58 进行编辑修改的边侧筋　　图 10-59 单击"钢筋布置"　　柱子的钢筋布置

对于异形柱，使用"编号配筋"对话框中布置钢筋的方式，将会比较麻烦，其效率不如柱筋平法式，因此，软件并未将"编号配筋"布置柱筋的方法作为柱筋布置的最优方法。该方法操作与布置独立基础钢筋基本相似，读者可以自行尝试。

10.7 楼层梁体的钢筋布置

【参考图纸】：结构施工图图 9 "一层梁配筋图"

实例工程中，楼层梁体构件可分为框架梁和非框架梁（普通梁），其钢筋的布置方法与地梁的钢筋布置完全相同，布置时参照地梁钢筋的布置方法即可。

布置楼层梁体构件钢筋时，可以采用"10.6.3 快速切换需要配筋的柱构件"中类似的方法，快速切换需要布置钢筋的梁构件。

操作 1. 在"梁筋布置"对话框打开的情况下，单击对话框下方 选择 按钮（见图 10-60），则弹出带有已布置的梁体构件列表的"选择"下拉选项框，如图 10-61 所示。

图 10-60 单击"梁筋布置"对话框的"选择"按钮

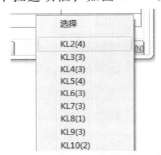

图 10-61 带有梁体构件列表的"选择"下拉选项框

操作 2. 在"选择"下拉选项框中单击选中对应的梁体构件，则"梁筋布置"对话框切换至所选的梁体构件状态。

利用这个方法可以提高楼层梁梁筋布置时的操作效率。

> 温馨提示：
>
> 　　楼层梁的附加箍筋会自动布置完成，不需要另行处理。

10.8　板的钢筋布置

【参考图纸】：结构施工图图 10"一层板配筋图"

板内钢筋分为底筋、面筋、负筋以及构造分布筋，通常底筋为受力筋，需要逐一进行布置。

首先进行首层板内钢筋的布置。在"一层板配筋图"图纸中，除了图纸有特殊注明外，负筋为Φ8@200，底筋为Φ8@150，如图 10-62 所示。首层中的板体底筋，除楼梯平台板 PTB1 外（见图 10-63），其余均为Φ8@150。此外，首层楼板负筋为Φ8@200，分布筋为Φ6@250，如图 10-62 和图 10-64 所示。

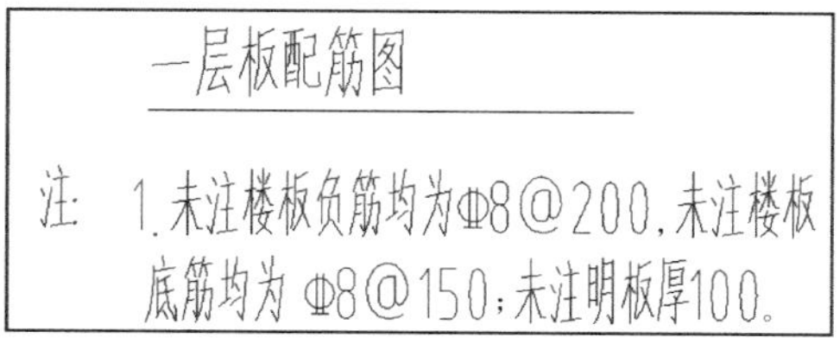

一层板配筋图

注：1. 未注楼板负筋均为Φ8@200，未注楼板底筋均为Φ8@150；未注明板厚100。

图 10-62　一层板的配筋要求

159

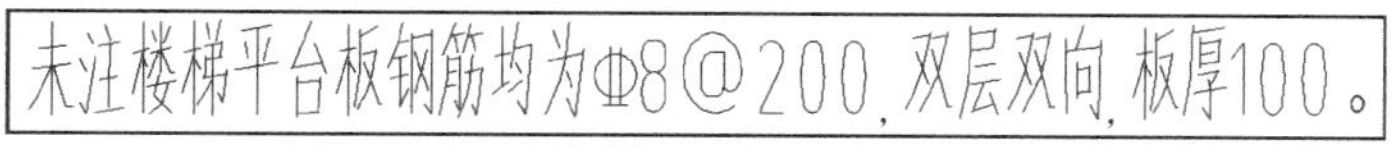

未注楼梯平台板钢筋均为Φ8@200，双层双向，板厚100。

图 10-63　楼梯平台板的配筋要求

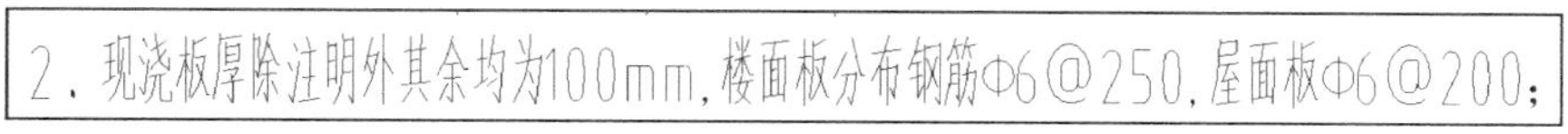

2. 现浇板厚除注明外其余均为100mm，楼面板分布钢筋Φ6@250，屋面板Φ6@200；

图 10-64　图纸关于楼面板构造分布钢筋的情况

10.8.1　底筋的布置

首先进行楼板底筋的布置。

操作 1. 利用构件显示功能，只显示"板""梁"和"柱"构件，其余类型构件不予显示。

操作 2. 单击快捷菜单栏中的 💡 **隐藏** 按钮，将 PTB1 楼梯平台板构件进行隐藏。

操作 3. 单击快捷菜单栏中的"钢筋布置"，激活该功能。

操作 4. 根据命令栏中出现的提示"选择要布置钢筋的构件"，单击任意一块现浇板构件，弹出"布置板筋"对话框，如图 10-65 所示。

需要注意的是，在布置板体钢筋时"布置板筋"对话框不得关闭。

操作 5. 利用鼠标单击选中的方式，将对话框中"板筋类型"选为"底筋"，"布置方式"改为"选板双向"，并根据图 10-62 的要求，将"底筋 X 向"和"底筋 Y 向"的信息输入栏修改为"C8@150"，如图 10-66 所示。

操作 6. 利用鼠标滚轮调整合适的观察视图，框选首层所有的板构件，再右击，这样，所有的现浇板就按图 10-66 中的要求进行底筋的布置工作。

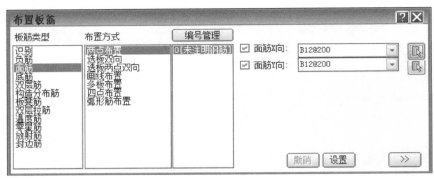

图 10-65　"布置板筋"对话框

图 10-66　修改完毕的"布置板筋"对话框

对于计算机硬件配置较低的用户，一次性框选所有的板体布置底筋，可能会使程序卡死无响应。因此，建议这些用户单独选中每一块板体，右击，完成首层楼板的底筋布置。

由于 PTB1 楼梯平台板的底筋与现浇板的底筋并不相同，因此，需要单独隐藏 PTB1 楼梯平台板，待现浇板布置完钢筋后，再另行单独处理楼梯平台板的钢筋布置，除配筋信息需要修改外，其方法与楼板底筋布置完全相同。此外，也可在布置楼层现浇板板筋时，通过分区域框选，不选中楼梯平台板，就可省略隐藏该构件的操作，其效果与之前的操作是完全一样的。

10.8.2　负筋的布置

接着布置负筋和构造分布筋。这里以轴线①至轴线②，轴线Ⓔ至轴线Ⓕ的左上方的板体为例，详细说明该板体的负筋及构造分布筋的布置操作，为方便说明，该板体的四个支座位置的负筋分别以 1 号、2 号、3 号负筋和跨板受力筋单独标示予以区分，如图 10-67 所示。

操作 1. 不关闭"布置板筋"对话框，利用鼠标单击选中的方式，将对话框中"板筋类型"选为"负筋"，"布置方式"选为"选梁墙布置"，并根据图 10-64 中的要求，将右侧"构造筋"输入栏信息手动修改为"A6@ 250"，如图 10-68 所示。

操作 2. 首先布置 1 号负筋，根据图 10-62 中的要求，将右侧"面筋描述"输入栏信息修改为"C8@ 150"，并单击"左（下）挑长"左侧的"○"，修改"右（上）挑长"为"1100"，"左（下）挑长"为"0"，如图 10-69 所示。

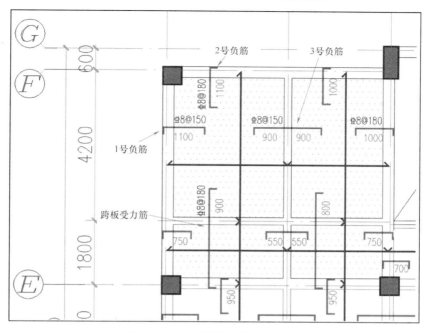

图 10-67　示例例子使用的板体

161

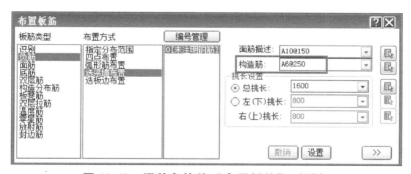

图 10-68　调整负筋的"布置板筋"对话框

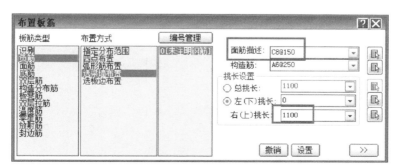

图 10-69　调整 1 号负筋的"布置板筋"对话框

操作 3. 单击"布置板筋"对话框右下方的 设置 按钮，弹出"计算设置-板"对话框，在对话框第 40 行"单边标注支座负筋标注长度位置"输入栏信息通过点选下拉选项框修改

为 "支座外边线"，单击下方 确定 完成设置，如图 10-70 所示。

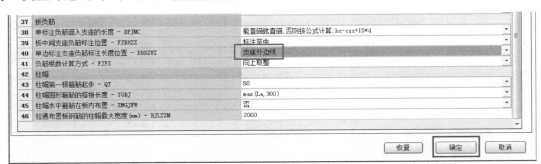

图 10-70　修改负筋单边标注支座设置

操作 4. 不关闭 "布置板筋" 对话框，单击 1 号负筋的支座位置的梁体位置，这样，1 号负筋和对应的构造分布筋就布置上去了，如图 10-71 所示。

操作 5. 2 号负筋与 1 号负筋相似，按照操作 2 和操作 4 的方法，将右侧 "面筋描述" 输入栏信息修改为 "C8@ 180"，单击 2 号负筋的支座的梁体位置，这样，2 号负筋和对应的构造分布筋就布置上去了。

操作 6. 最后布置 3 号负筋，根据图 10-67 中的图示要求，将右侧 "面筋描述" 输入栏信息修改为 "C8@ 150"，单击 "左（下）挑长" 左侧的 "○" 按钮，并将 "左（下）挑长" 和 "右（上）挑长" 输入栏信息均修改为 "900"，如图 10-72 所示。

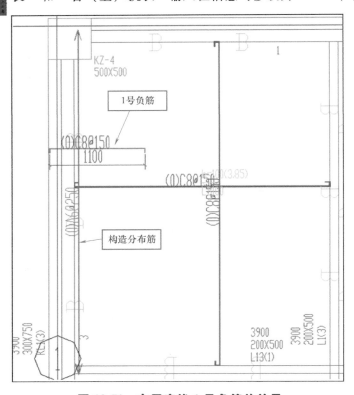

图 10-71　布置完毕 1 号负筋的效果

图 10-72　修改 3 号负筋的左右挑长

操作 7. 采用操作 4 的方法，单击 3 号负筋的支座的梁体位置，这样，3 号负筋和对应的构造分布筋就布置上去，如图 10-73 所示。

10.8.3　跨板受力筋的布置

跨板受力筋实质上为负筋，是针对在较小的板体上方便施工负筋进行设计的。

为方便说明，实例中该板的跨板受力筋根据所处的位置和方向分为跨板受力筋上端和下端，如图 10-74 所示。

操作 1. 不关闭 "布置板筋" 对话框，利用鼠标单击选中的方式，将对话框中 "板筋类型" 选为 "负筋"， "布置方式" 选为 "四点布置"，并根据图 10-64 中的要求，将右侧 "构造筋" 输入栏信息手动修改为 "A6@250"，如图 10-75 所示。

操作 2. 接着根据图 10-74 中的图示要求，将右侧 "面筋描述" 输入栏信息修改为 "C8@180"，并修改 "左（下）挑长" 为 "0"， "右（上）挑长" 为 "900"，如图 10-76 所示。

操作 3. 单击 "布置板筋" 对话框右下方 设置 按钮，弹出 "计算设置-板" 对话框，在对话框将 "单边标注支座负筋标注长度位置" 输入栏信息通过点选下拉选项框修改为 "支座中心线"，单击下方 确定 完成设置，如图 10-77 所示。

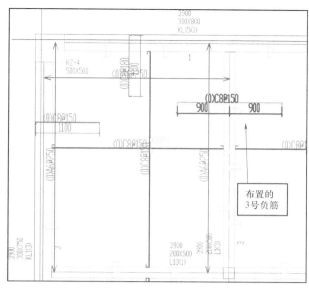

图 10-73　布置完毕的 3 号负筋

163

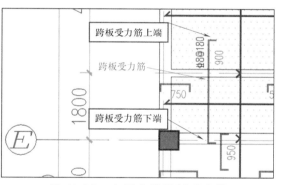

图 10-74　实例中的跨板受力筋

图 10-75　跨板受力筋 "布置板筋" 对话框

图 10-76　调整跨板受力筋的挑长

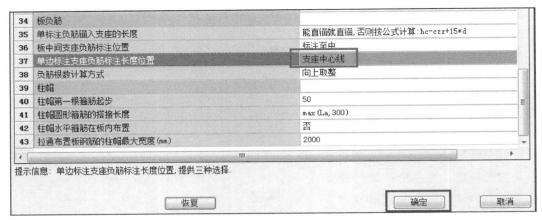

图 10-77　修改跨板受力筋标注支座设置

操作 4. 先确定跨板受力筋安放的大致位置。不关闭"布置板筋"对话框，确保状态开关栏中"正交"处于打开状态。根据命令栏中的文字提示"点取外包的起点"（见图 10-78），单击该板体范围内 KL14 梁体的中线位置（见图 10-79），确定跨板受力筋下端所在的位置，即跨板受力筋的起点端。命令栏中的文字提示发生变化，变为"点取外包的终点"（见图 10-80），单击图 10-74

> 点取外包的起点<退出>:
>
> 图 10-78　文字提示
> "点取外包的起点"

中跨板受力筋上端的位置，即确定跨板受力筋的终点端，这样，跨板受力筋的大致位置就在绘图区域显示出来了，如图10-81所示。

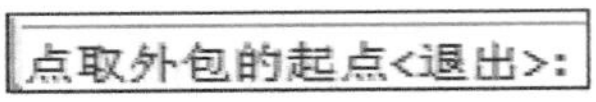

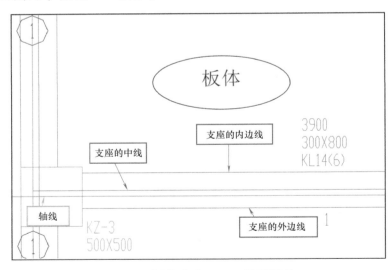

图 10-79　板体支座 KL14 的图线情况

需要注意的是，一般习惯于将跨板受力筋位于支座内的一端作为起点端，对于例子中的跨板受力筋起点端，应保证单击的位置处于图 10-79 中的 KL14 梁体中线和外边线之间的范围，确定起点端时可单击中线所处位置，但不可单击外边线所处位置。

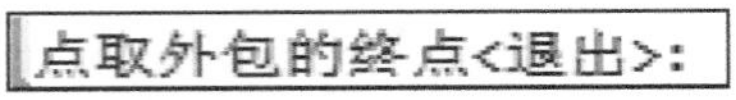

> 点取外包的终点<退出>:
>
> 图 10-80　文字提示"点取外包的终点"

在单击确定跨板受力筋上端的大致位置前，鼠标光标处还会显示一数字，该数字随着鼠标的移动而发生改变，此数字为从跨板受力筋下端单击的位置到当前鼠标光标位置的直线长度。无须理会该数字，只需先确定跨板受力筋的大致方向和位置，在完成它的分布范围后，软件会根据图 10-76 中挑长设置长度，布设钢筋与此数字无关。

操作 5. 确定跨板受力筋的分布范围。单击完成跨板受力筋的终点端后，命令栏中的文字提示发生变化，变为"点取分布范围的起点"（见图 10-82），单击板体左侧边线位置，完成起点的选取。这时，命令栏中的文字提示再次发生变化，变为"点取分布范围的终点"（见图 10-83），单击板体右侧边线位置，完成终点的选取，这样，跨板受力筋就布置完毕了，如图 10-84 所示。

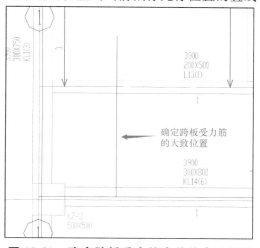

图 10-81　确定跨板受力筋安放的大致位置

点取分布范围的起点<退出>:

图 10-82　文字提示"点取分布范围的起点"

点取分布范围的终点<退出>:

图 10-83　文字提示"点取分布范围的终点"

采用"四点布置"方式布置跨板受力筋时，软件是根据设置的挑出长度来布置挑出端的具体长度的，因此，挑出的长度位置保证方向和大致位置满足要求即可，无须非常精准地确定。

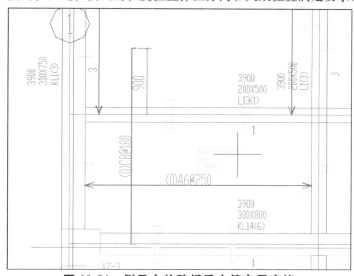

图 10-84　例子中的跨板受力筋布置完毕

板的钢筋布置

10.8.4　钢筋线条开关

随着板筋的不断布置，板筋线条不断出现，绘图区域开始变得杂乱无章。这时，可以单击状态栏上的"钢筋开关"（见图 10-85），关闭钢筋线条的显示。如需重新显示，则再次单击该状态栏开关即可。

| 着色 | 填充 | 正交 | 极轴 | 对象捕捉 | 对象追踪 | 钢筋开关 | 钢筋线条 | 组合开关 | 底图开关 | 轴网上锁 | 轴网开关 |

图 10-85　单击状态栏上的"钢筋开关"

10.8.5　负筋在支座位置的标注特点与软件对应设置

根据负筋所处的支座的位置情况，可分为端支座和中间支座，如图 10-67 中 1 号和 2 号负筋的支座为端支座，3 号负筋的为中间支座。

1. 板负筋位于端支座

在实际工作中，根据板负筋在端支座位置的标注情况可分为标注内边、标注至中以及标注外边三种情况，如图 10-86 所示。

"标注内边"即标注线的始端位于支座的内边线，"标注至中"即标注线的始端位于支座的中心线，"标注外边"即标注线的始端位于支座的外边线（考虑到钢筋保护层厚度，通常未完全与外边线平齐）。

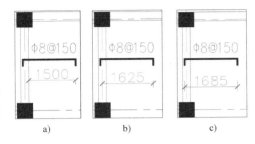

图 10-86　端支座板负筋的标注分类

a）标注内边　b）标注至中　c）标注外边

166

针对这些情况，软件也设置了相应的设置选项。单击"布置板筋"对话框右下方 设置 按钮，弹出"计算设置-板"对话框。在对话框第40行"单边标注支座负筋标注长度位置"信息栏，通过单击信息栏旁边下拉选项框按钮，弹出的下拉选项框的选项分别为"支座内边线""支座中心线"和"支座外边线"三种，如图 10-87 所示。"支座内边线""支座中心线"和"支座外边线"分别对应图 10-86 中的 a、b 和 c。

37	板负筋	
38	单标注负筋锚入支座的长度 - DFJMC	能直锚就直锚,否则按公式计算:hc-czz+15*d
39	板中间支座负筋标注位置 - FJBHZZ	标注至中
40	单边标注支座负筋标注长度位置 - DBBZWZ	支座外边线
41	负筋根数计算方式 - FJFS	支座内边线 / 支座中心线 / 支座外边线
42	柱帽	

图 10-87　单边标注三种选项

在实际操作中，只需根据图纸的标注特点，单击选中对应的类型，即可完成对应设置的操作。

2. 板负筋位于中间支座

在实际工作中，根据板负筋在中间支座位置的标注情况可分为标注至边、标注至中两种情况，如图 10-88 和图 10-89 所示。

负筋位于中间支座时，"标注至边"即标注线的始端位于支座的边线上，由于是中间支座，因此没有内外边线的区分。"标注至中"即标注线的始端位于支座的中线。

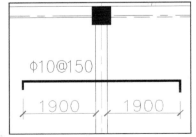

图 10-88　中间支座负筋标注至边

针对这些情况，软件也设置了相应设置选项。单击"布置板筋"对话框右下方 设置 按钮，弹出"计算设置-板"对话框。在对话框第39行"板中间支座负筋标注位置"信息栏，通过单击信息栏旁边下拉选项框按钮，弹出的下拉选项框的选项分别为"标注至中"和"标注至边"两种，如图 10-90 所示。"标注至中"和"标注至边"分别对应图 10-88 和图 10-89。

在实际操作中，只需根据图纸的标注特点和规定，单击选中对应的类型，即可完成对应设置的操作。

实例工程中，对于端支座和中间支座负筋的标注长度已做出了相应规定（见图 10-91），而在板负筋标注默认设置中，中间支座标注为"标注至中"，而端支座标注为"支座内边线"，因此，在上述实例工程对应操

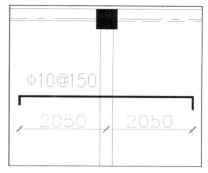

图 10-89　中间支座负筋标注至中

作中，调整标注时只调整了端支座的设置，中间支座未作调整，如图 10-92 所示。

图 10-90　板中间支座负筋标注两种选项

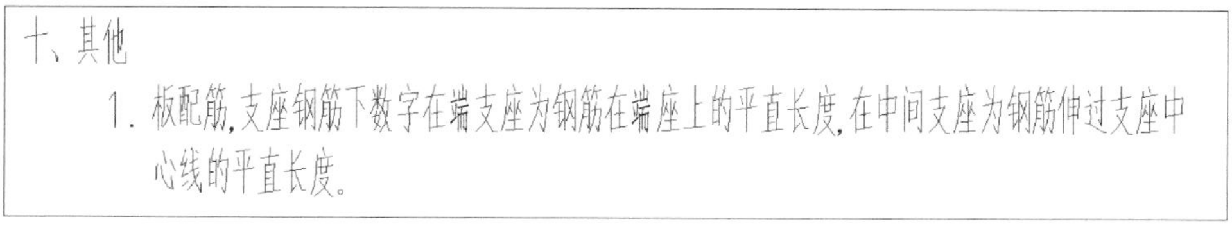

十、其他

1. 板配筋，支座钢筋下数字在端支座为钢筋在端座上的平直长度，在中间支座为钢筋伸过支座中心线的平直长度。

图 10-91　实例工程关于支座标注的规定

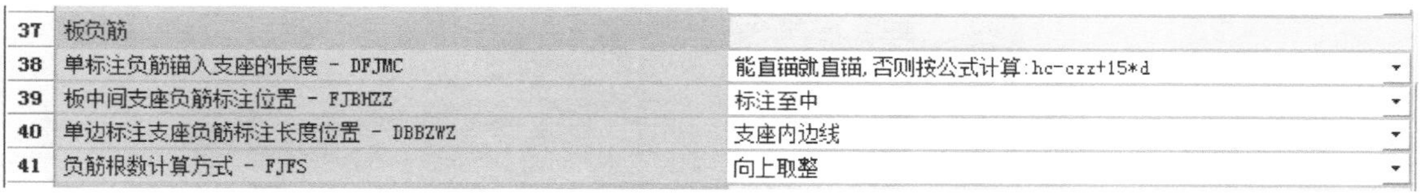

37	板负筋	
38	单标注负筋锚入支座的长度 - DFJMC	能直锚就直锚,否则按公式计算:hc-czz+15*d
39	板中间支座负筋标注位置 - FJBHZZ	标注至中
40	单边标注支座负筋标注长度位置 - DBBZWZ	支座内边线
41	负筋根数计算方式 - FJFS	向上取整

图 10-92　板支座标注的默认设置

板体钢筋的删除，可通过单击或框选方式，选中需要删除的板筋线条，再使用键盘"Delete"键即可完成删除。而板筋的撤销与撤销柱体钢筋类似，需要在"布置板筋"对话框中单击 撤销 按钮，即可回到上一步的板筋布置状态。

10.9　楼梯的钢筋布置

【参考图纸】：结构施工图图 19 "T1 楼梯结施图"

楼梯由梯段、梯柱、梯梁和楼梯平台板组成。见表 10-5，楼梯的钢筋布置实质上就是对梯段的钢筋布置。

表 10-5　楼梯各构件钢筋布置的方法

楼梯的组成构件	钢筋布置时执行的方法	楼梯的组成构件	钢筋布置时执行的方法
梯梁	按布置框架梁钢筋的方法	楼梯平台板	按布置现浇板钢筋的方法
梯柱	按布置框架柱钢筋的方法	梯段	在此章节说明

本节以首层 T1 楼梯间中 TB-1 梯段为例,详细说明该梯段的钢筋布置方法。梯段 TB-1 的配筋信息见表10-6。

表 10-6 梯段 TB-1 的配筋信息

梯段编号	上部钢筋		底部钢筋	
	板面贯通筋	板面分布筋	板底筋	板底分布筋
TB-1	Φ 12@ 150	φ 8@ 200	Φ 12@ 130	φ 8@ 200

操作 1. 单击快捷菜单栏中的"钢筋布置",激活该功能。

操作 2. 根据命令栏中出现的提示"选择要布置钢筋的构件",单击选中首层中"TB1"梯段构件,并弹出梯段"编号配筋"对话框。

操作 3. 单击对话框信息输入栏中第一行"简图钢筋"的"请选择样式"位置,再单击右侧出现的┉按钮(见图 10-93),弹出"样式选择"对话框。

操作 4. 根据图例图纸中钢筋配置情况,与"样式选择"对话框中缩略图进行对照,双击选中"样式选择"对话框内"样式"

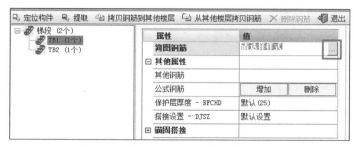

图 10-93 "编号配筋"对话框

列表中"样式二"或双击其对应缩略图,如图 10-94所示。在"编号配筋"对话框中"简图

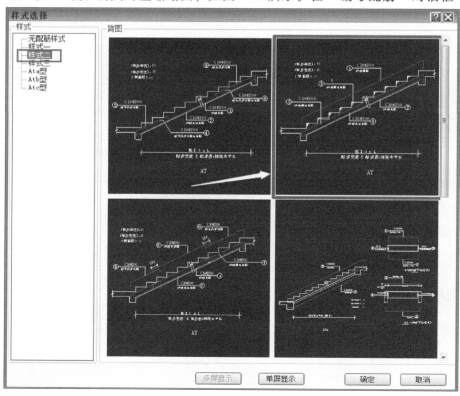

图 10-94 双击"样式二"

钢筋"一栏被修改为"样式二",其下方出现了配筋信息,并在右方自动生成了该梯段的截面配筋预览缩略图,如图 10-95 所示。

操作 5. 根据表 10-6 的内容,手动输入修改配筋信息,完成钢筋的布置,如图 10-96 所示。

这里的信息输入栏和缩略图中的内容也是相互对应的,可以根据用户录入的习惯完成配筋信息的修改。

完成钢筋的布置后,在对话框内的构件列表中"TB1"编号字体会加粗,且左侧的梯段图标会变色,如图 10-97 所示。

属性	值	
□ 简图钢筋	样式二	
① 梯板面贯通筋	C10@200	
② 梯板底筋	C10@200	
③ 梯板面分布筋	C10@200	
④ 梯板底分布筋	C10@200	
⑤ 护角筋(按根计)		
□ 其他属性		
其他钢筋		
公式钢筋	增加	删除
保护层厚度 - BFCHD	默认 (25)	
搭接设置 - DJSZ	默认设置	
⊞ 锚固搭接		

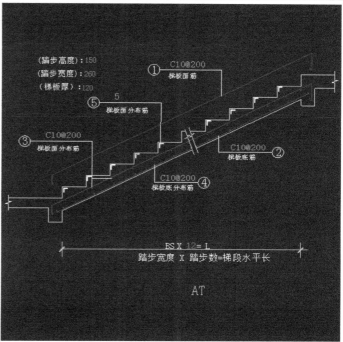

图 10-95　梯段"编号配筋"对话框的变化

属性	值
□ 简图钢筋	样式二
① 梯板面贯通筋	C12@150
② 梯板底筋	C12@130
③ 梯板面分布筋	A8@200
④ 梯板底分布筋	A8@200
⑤ 护角筋(按根计)	

图 10-96　完成修改的梯段 TB-1 的配筋信息

图 10-97　梯段构件列表的变化

掌握这些操作方法,不难完成所有的楼梯梯段的钢筋布置。

需要注意的是,在布置第二层的 TB-3 梯段时,由于该梯段属于 B 型梯段,因此,在"样式选择"对话框中提供的配筋样式和缩略图,也会随之改变,如图 10-98 所示。

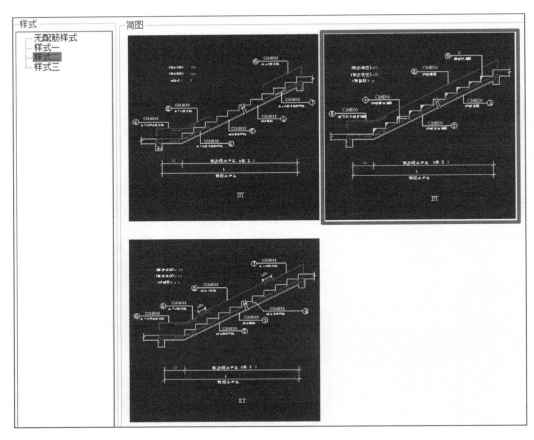

图 10-98　布置梯段 TB-3 时的样式选择对话框

只需对照实例图纸中钢筋配筋特点和缩略图，双击选择对应的样式，再完成对应的配筋信息修改即可，如图 10-99 所示。

属性	值
⊟ **简图钢筋**	**样式二**
① 梯板底筋	C12@120
② 梯板底分布筋	A8@200
③ 梯板面贯通筋	C12@150
④ 梯板面分布筋	A8@200
⑤ 下端平板负弯筋 (长)	C12@120
⑥ 护角筋 (按根计)	

图 10-99　梯段 TB-3 的样式选择和配筋信息

10.10　零星混凝土构件的钢筋布置

完成上述的钢筋布置后，仍有少量混凝土构件尚未进行钢筋的布置。而这些混凝土构件的钢筋工程量相对于整个工程钢筋总量而言，太过微小，软件对这些混凝土构件中的钢筋都没有设置对应的三维效果，因此，无法使用"钢筋三维"功能对这些构件中的钢筋直接进行观察。

10.10.1　过梁的钢筋布置

【参考图纸】：结构施工图图 1"结构设计总说明"

操作 1. 按照布置过梁时的操作方法，单击 ✛ 自动布置 按钮，进入"过梁表"对话框。

操作 2. 根据图纸中的配筋信息，使用手动输入方式完成配筋信息录入，并通过调整左下方的目标楼层，勾选全部楼层，再单击右下方的 钢筋布置 按钮，完成过梁的钢筋布置，如图 10-100 所示。

编号	材料	墙厚>	墙厚<=	洞宽>	洞宽<=	过梁高	单挑长度	上部钢筋	底部钢筋	箍筋
GL1	C20	0	1000	0	999	120	240	2C10	2C10	C8@150
GL2	C20	0	1000	999	1499	120	240	2C10	2C12	C8@150
GL3	C20	0	1000	1499	1999	150	240	2C10	2C14	C8@150
GL4	C20	0	1000	1999	2499	180	370	2C10	2C16	C8@150
GL5	C20	0	1000	2499	2999	240	370	2C12	2C16	C8@150
GL8	C20	0	1000	2999	10000	300	370	2C12	2C16	C8@150

楼层：基础层|首层|第2层| ▼ | ... |　　　　识别过梁表　保存　导入定义　定义编号　导入　导出　布置过梁　钢筋布置

图 10-100　完成过梁配筋的布置

10.10.2　下挂板的钢筋布置

【参考图纸】：结构施工图图 1"结构设计总说明"

当门窗洞口的尺寸较高时，门窗洞顶距梁底净高较小，其余留的空间大小不足以布置设计要求中对应的过梁，这时，就需要考虑布置下挂板来替代过梁的作用。软件在布置过梁时，会根据门窗洞顶距梁底净高的情况，自动布置下挂板。

操作 1. 利用构件的批量选择功能，在"批量选择"对话框中勾选"过梁"下的"下挂板"，如图 10-101 所示。

软件自动生成的下挂板构件并不容易找到，此处，不宜采用单击选中的方式。

操作 2. 单击快捷菜单栏中的"钢筋布置"，进入"编号配筋"对话框。

在"编号配筋"对话框中，"简图钢筋"提供的各种钢筋样式并没有与实例图纸中对应的，因此，此处无法使用"简图钢筋"中提供的配筋简图来完成。

图 10-101　批量选择"下挂板"

操作 3. 单击"编号配筋"对话框中"公式钢筋"中 增加 按钮（见图 10-102），弹出对应的表格钢筋编辑对话框。

操作 4. 根据设计图中下挂板的配筋信息（见图 10-103），需要设置"箍筋"和"底筋"，利用之前编制表格钢筋的方法，钢筋描述采用手动输入，钢筋名称则选择对应的配筋简图来完成（见图 10-104 和图 10-105），其结果如图 10-106 所示。

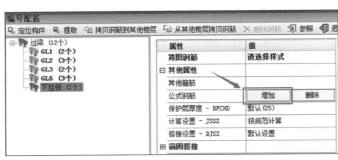

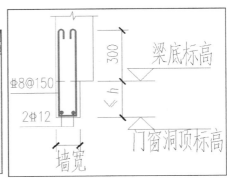

图 10-102　单击"公式钢筋"中的"增加"按钮　　　　图 10-103　下挂板的配筋信息

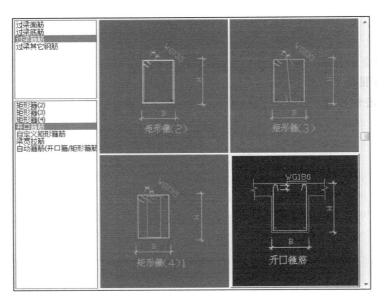

图 10-104　"开口箍筋"简图选择

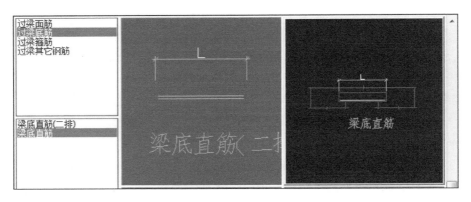

图 10-105　"过梁底筋"简图选择

图 10-106　完成的过梁的表格钢筋

操作 5. 关闭表格钢筋对话框，则在"编号配筋"对话框中"公式钢筋"位置就添加了对应的钢筋，这样，下挂板的钢筋就完成了，如图 10-107 所示。

10.10.3　首层楼梯段下部连接混凝土构件的钢筋布置

【参考图纸】：结构施工图图 19 "T1 楼梯结施图"

首层楼梯段下部连接混凝土构件采用混凝土墙构件来布置，其钢筋与混凝土墙的钢筋也相同。

操作 1. 单击快捷菜单栏中的"钢筋布置"，激活该功能。

图 10-107　下挂板的"公式钢筋"添加完成

操作 2. 根据命令栏中出现的提示"选择要布置钢筋的构件"，单击选中首层楼梯段下部连接位置，并弹出对应的"编号配筋"对话框。

由于该构件位于梯段下部，如果不使用三维观察，难以准确选中该构件，这里，可以使用"批量选择"功能选中该构件，再单击"钢筋布置"，进入"编号配筋"对话框。

在"编号配筋"对话框中，"简图钢筋"提供的各种钢筋样式，并没有与实例图纸中对应的，因此，此处无法使用"简图钢筋"中提供的配筋简图来完成。

操作 3. 单击"编号配筋"对话框中"公式钢筋"中 增加 按钮（见图 10-108），弹出表格钢筋编辑对话框。

操作 4. 根据配筋信息（见图 10-109），参照下挂板表格钢筋的录入方法，钢筋描述采

图 10-108　单击"增加"按钮

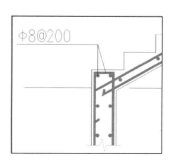

图 10-109　梯段下部混凝土构件的配筋信息

173

用手动输入，钢筋名称选择对应配筋简图来完成，其结果如图 10-110 所示。

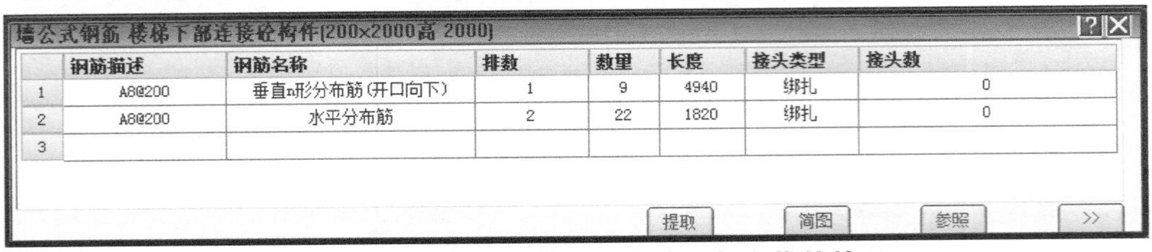

图 10-110　完成的梯段下部连接混凝土构件情况

操作 5. 关闭表格钢筋对话框，则在"编号配筋"对话框中"公式钢筋"位置就添加了对应的钢筋，如图 10-111 所示。

10.10.4　雨篷板的钢筋布置

【参考图纸】：结构施工图图 18"屋面层板配筋图"

将楼层切换至第二层，完成雨篷板的钢筋布置。

操作 1. 单击快捷菜单栏中的"钢筋布置"，激活该功能。

操作 2. 根据命令栏中出现的提示"选择要布置钢筋的构件"，单击选中雨篷板，弹出对应的"编号配筋"对话框。

图 10-111　梯段下部连接件的
"公式钢筋"添加完成

操作 3. 参照布置梯段钢筋的方法，单击对话框信息输入栏中第一行"简图钢筋"的"请选择样式"位置，再单击右侧出现的 ⋯ 按钮，弹出"样式选择"对话框，在弹出的简图样式中，双击"无翻边"样式，如图 10-112 所示。

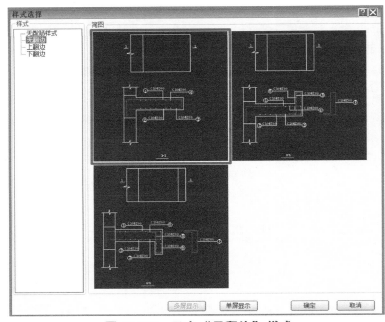

图 10-112　双击"无翻边"样式

操作 4. 回到"编号配筋"对话框中，根据雨篷板的配筋信息（见图 10-113），手动输入修改配筋信息，完成钢筋的录入（见图 10-114），则钢筋就被布置到对应的构件当中了。采用同样的方法，切换至对应的楼层，完成其他雨篷板的钢筋布置。

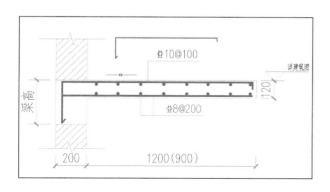

图 10-113　雨篷板的配筋信息

属性	值	
□ 简图钢筋	无翻边	
① 悬挑受力面筋	C10@100	
② 悬挑受力底筋	C8@200	
③ 悬挑分布底筋	C8@200	
④ 悬挑分布面筋	C8@200	
□ 其他属性		
其他钢筋		
公式钢筋	增加	删除
保护层厚度 - BFCHD	默认 (20)	
搭接设置 - DJSZ	默认设置	
⊞ 锚固搭接		

图 10-114　雨篷板钢筋完成录入

10.10.5　女儿墙压顶的钢筋布置

将楼层切换至第五层，在女儿墙压顶位置还需布置钢筋，其参考的标准图集中的大样图如图 10-115 所示。

操作 1. 单击快捷菜单栏中的"钢筋布置"，激活该功能。

操作 2. 根据命令栏中出现的提示"选择要布置钢筋的构件"，单击选中女儿墙压顶构件，并弹出"编号配筋"对话框，如图 10-116 所示。

操作 3. 单击对话框信息输入栏中第一行"简图钢筋"的"请选择样式"位置，再单击右侧出现的 ⋯ 按钮，弹出"样式选择"对话框。

操作 4. 根据图 10-115 与"样式选择"对话框中缩略图进行对照，双击选中"样式选择"对话框内"样式"列表中"样式二"或双击其对应缩略图，如图 10-117 所示。在"编号配筋"对话框中"简图钢筋"一栏被修改为"样式二"，其下方出现了配筋信息，并在右方自动生成了该压顶的截面配筋预览缩略图。

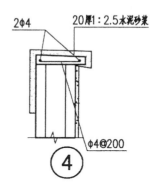

图 10-115　压顶对应的标准图集

操作 5. 回到"编号配筋"对话框中，根据配筋信息（见图 10-115），在表格中手动输入修改配筋信息，完成钢筋的录入（见图 10-118），则钢筋就被布置到对应的构件当中了。

按照上述操作，切换楼层，完成余下的压顶构件的钢筋布置即可。

除了上述操作外，还可以先单击快捷菜单栏中的"钢筋布置"按钮，这时，无需选中任何构件，直接右击，也可进入"编号配筋"对话框，如图 10-119 所示。

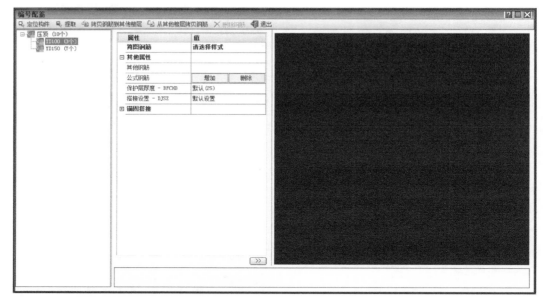

图 10-116 压顶"编号配筋"对话框

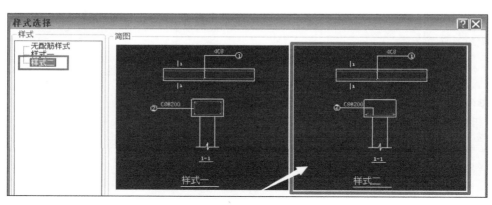

图 10-117 双击"样式二"

采用这样的方式进入"编号配筋"对话框,会将除条形基础、梁和板构件以外涉及布置钢筋的构件一并显示。只需单击对应的构件位置,就可以进行配筋信息的录入操作了。但请注意,采用这样的方式进入的"编号配筋"对话框中的构件并非都需要布置钢筋,需要根据图纸设计和实际需求加以确定。利用这个方式进入"编号配筋"对话框,可以有效地避免构件的钢筋布置遗漏的情况。

属性	值	
□ 简图钢筋	样式二	
① 压顶主筋	2A4	
② 压顶宽向拉筋	A4@200	
□ 其他属性		
其他钢筋		
公式钢筋	增加	删除
保护层厚度 - BFCHD	默认 (25)	
搭接设置 - DJSZ	默认设置	
□ 锚固搭接		

图 10-118 压顶的配筋信息

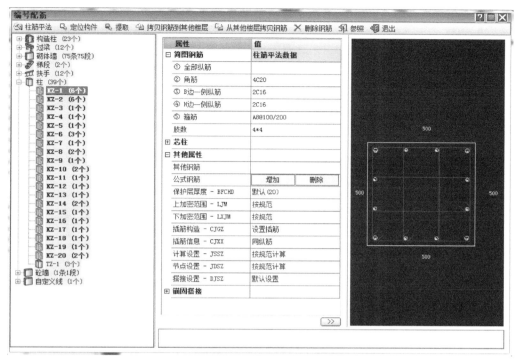

图 10-119　进入"编号配筋"对话框

177

10.11　装饰构件的钢筋布置

【参考图纸】：建筑施工图图 2"建筑设计总说明"

实际工作中，在一些装饰做法中会考虑加入钢筋。

实例工程的装饰构件中，屋面装饰做法需要考虑布置钢筋，如图 10-120 所示。

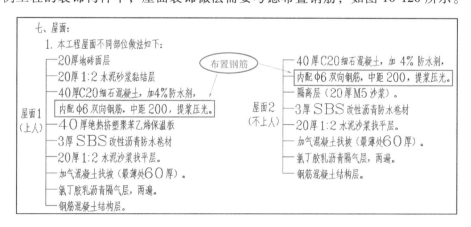

图 10-120　屋面装饰钢筋布置要求

这些装饰做法中要求布置的钢筋必须要额外计算。无论上人屋面还是不上人屋面，均需要布置钢筋。两种屋面装饰钢筋规格和布置要求完全相同，因此，这里以其中一处屋面做法

钢筋为例来进行说明

将楼层切换至第五层。

操作 1. 单击快捷菜单栏中的"钢筋布置",激活该功能。

操作 2. 根据命令栏中出现的提示"选择要布置钢筋的构件",单击选中第五层中露台的上人屋面，并弹出"屋面钢筋布置"对话框，如图 10-121 所示。

操作 3. 根据图 10-120 所示的配筋要求，利用手动输入或单击下拉选项框的方法，完成"钢筋描述"的修改，"钢筋类型"保持默认即可，如图 10-122 所示。

图 10-121　"屋面钢筋布置"对话框

图 10-122　设置完毕的"屋面钢筋布置"对话框

操作 4. 单击对话框 选择构件 按钮，再单击选中需要布置钢筋的屋面，最后右击，则在屋面装饰位置就完成了钢筋的布置。

装饰做法需要布置钢筋的情况，往往比较简单，其操作方法大体相同，参照上述操作的方法，便不难完成。

10.12　已布置的钢筋批量删除

实际工作中，会因为一些原因，需要将之前布置的钢筋进行大批量的快速删除，重新进行钢筋的布置。

操作 1. 利用构件的显示与隐藏功能，在绘图区域中，只保留需要删除的钢筋的混凝土构件，其余全部隐藏。

操作 2. 单击软件系统菜单栏中的 建模辅助(B) 按钮，在展开的功能选项中单击 钢筋删除，激活该功能，如图 10-123 所示。

图 10-123　单击"钢筋删除"

操作 3. 根据命令栏中的文字提示，框选需要删除钢筋的混凝土构件，再右击，则这些混凝土构件内的钢筋就被全被删除了。

10.13　手动建模结语

采用手动建模的方式布置构件，其实质就是将大量已设置好对应信息的构件，调整对应的标高，放置在图纸中各个平面位置上，从而逐步搭建出建筑物的骨架和模型，进而为后续构件（建筑附属物、装饰和钢筋）的布置创造必要的前提条件。

虽然部分构件可根据实际工程的特点，可采用一些快捷的方法来完成，但仍然无法脱离这个本质。后续章节会介绍识别建模的方法，但手动建模仍然是学习软件创建模型的基础。

第 11 章

检查、分析与统计及工程量报表

各个模型构件布置完毕后，便可以计算对应的工程量了。但在输出工程量之前，还应对模型构件进行核查，避免工程量出现错误，影响最后的计算结果。

此外，经软件计算得到的工程量数据形式还可以进行调整，从而方便用户的使用。

11.1　图形检查

在图形建立过程中，由于一些原因会出现一些错漏、重复等异常的情况，从而影响工程量计算的准确性。这时，可以利用"图形检查"功能对完成的图形进行检查，消除误差，保证计算数据的正确性。

操作 1. 单击系统菜单栏中的"算量辅助（E）"，在展开的功能按钮中单击 图形检查 按钮（见图 11-1），弹出"图形检查"对话框（见图 11-2）。

图 11-1　单击"图形检查"按钮

图 11-2　"图形检查"对话框

软件提供了如图 11-2 所示的八种检查方式。

① "位置重复构件"指相同类型的构件，在一个平面位置同时存在相同边线重合，并且在竖向位置上也有全部或部分重合的情况，如图 11-3 所示。

② "位置重叠构件"指不同的构件在空间上有相互干涉、叠加的情况，并且没有相同的

边线或边线不全部重合的情况，如图 11-4 所示。

图 11-3　错误提示"位置重复"

图 11-4　错误提示"位置重叠"

③"清除短小构件"指软件快速找出短小构件，并直接清除，以免影响最后的工程量数据结果。短小构件的形成原因较多，这类构件的长度往往很小，不易引起操作者的注意。

④"尚需相接构件"指条形基础、梁和墙构件中构件端头没有与其构件相互接触的情况。⑤"跨号异常构件"指跨号顺序混乱的基础梁或梁构件，如图 11-5 所示。软件默认跨号方向从左至右、从下至上为正序，如果同一编号梁既有正序又有反序，对钢筋计算结果会有影响。

图 11-5　错误提示"跨号异常"

⑥"对应所属关系"指根据门窗洞口构件与墙的位置关系，将布置或识别时没有安置到邻近墙体的洞口构件就近安置，确保扣减准确度。

⑦"延长构件中线"指根据柱和梁的位置关系，将梁的中线伸入到柱构件的中点去，达到延长梁构件的中线长的目的。

⑧"延长构件到轴线"指根据构件和轴线的位置关系，将线性构件延伸到与轴线接触。

操作 2. 根据用户要求，在如图 11-2 所示"图形检查"对话框中，在"检查方式"和"检查构件"各个选项中，确定需要检查的方式和构件后，其余选项保持默认，单击对话框下方的 [执行检查]，进行检查。

这里勾选"检查方式"中的"清除短小构件""跨号异常构件"和"对应所属关系"，而"检查构件"则直接勾选全部构件，进行检查即可。

操作 3. 软件根据操作 2 中的勾选的检查方式和检查构件，快速检查用户在绘图区域中的建模情况。

如果检查出错误，会在下方文字提示栏中生成检查结果（见图 11-6），并出现对应的检查处理浮框，如图 11-7 所示。

若没有错误，则会在下方文字提示栏中直接生成检查结果，且不会出现对应的错误处理浮框，如图 11-8 所示。

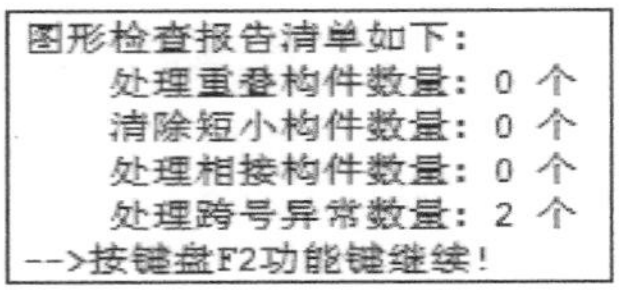

图形检查报告清单如下：
处理重叠构件数量：0 个
清除短小构件数量：0 个
处理相接构件数量：0 个
处理跨号异常数量：2 个
-->按键盘 F2 功能键继续！

图 11-6　有错误时的文字提示栏的显示情况

图 11-7　跨号异常错误的处理浮框

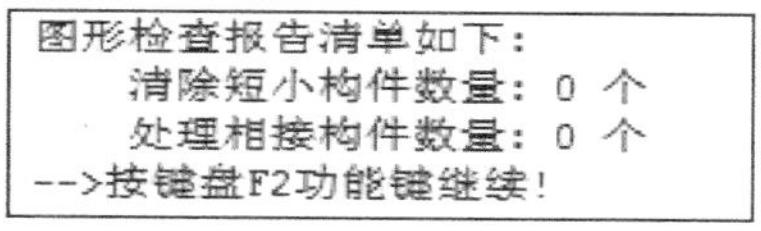

图 11-8　无错误时的文字提示栏的显示情况

在错误的浮框中，单击 往下 或 往上 按钮，可以实现在多个同类错误构件之间进行切换，切换时，软件还会快速定位到对应的错误位置。单击 应用 按钮，软件则按照默认的方式快速自行处理错误；若软件的默认处理结果不合适，用户还可自行更改。

此外，对于一些错误适合直接执行软件默认处理方式的，可以在勾选 应用所有已检查构件 左边的"□"后，如图 11-9 所示，再单击 应用 按钮，一次性处理完毕同一类错误。

图 11-2 的八项检查方式中，"位置重复构件"和"位置重叠构件"出现时，需要分析产生错误的原

图 11-9　勾选"应用所有
已检查构件"

因，有时直接单击 应用 按钮，使用软件的默认处理方式并不适合，这时，可利用浮框对应按钮，快速寻找错误的所在位置，根据情况进行修改；而"延长构件中线"执行与否，对于这些构件的计算结果并无影响；有时，执行"尚需相接构件"和"延长构件到轴线"检查时不分析情况，机械地执行还会造成不应有的错误。此外，在实际工作中，进行构件布置时，一旦出现"位置重复构件"和"位置重叠构件"的错误时，都会出现明显的红字提示，通常，用户都会及时地进行更改，一般不会遗留到全部构件布置完成后的图形检查阶段。其余检查方式直接执行软件默认的方式，其处理结果可满足实际工作的需要。

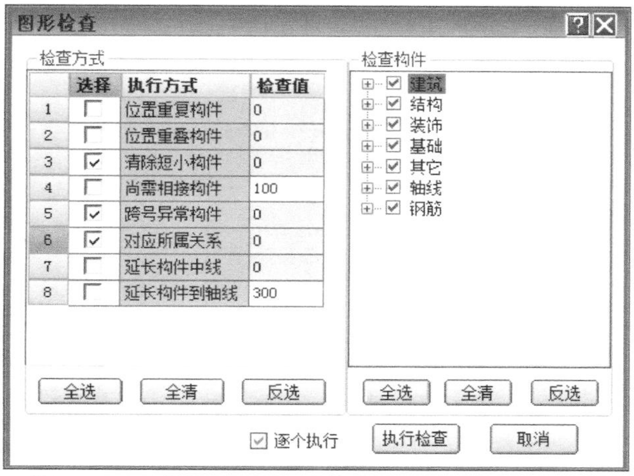

因此，通常在图 11-2 中的检查方式，只需勾选"清除短小构件""梁跨异常构件"和"对应所属关系"进行

图 11-10　常规的"图形检查"对话框勾选方式

检查，而在检查构件时直接单击 全选 按钮，全选所有的构件，如图 11-10 所示。这样，在弹出对应错误浮框时，在可以勾选 应用所有已检查构件 左边的"□"后再单击 应用 按钮，方便快速处理出现的错误。

温馨提示：
　　使用"图形检查"功能，只对当前楼层有效，因此，检查整个工程时，应逐层使用"图形检查"操作。

11.2 构件查量

对部分构件作分析的时候，既要看图形构件的几何尺寸，又要看该构件与周边构件的关系，用于确定扣减计算规则的设置。图形构件的几何尺寸及其布置情形，与之关联的扣减计算规则设置，都会影响构件工程量的分析计算结果。

11.2.1 查量

这里以首层的 KL15 构件为例进行说明。

操作 1. 单击快捷菜单栏中的"查量"，激活该功能，如图 11-11 所示。

图 11-11 单击"查量"

操作 2. 根据命令栏中出现的提示"选择要分析的构件"（见图 11-12），单击选中"KL-15"框架梁构件，并弹出"工程量核对"对话框，如图 11-13 所示。

选择要分析的构件

图 11-12 使用"查量"时命令栏中的提示

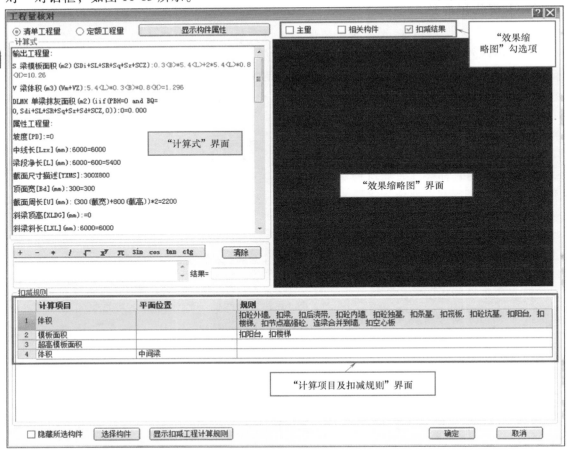

图 11-13 弹出的"工程量核对"对话框

在"工程量核对"对话框中，其主要界面可分为"计算式""效果缩略图"和"计算项目及扣减规则"界面三部分。

在"计算式"界面中，计算的工程量可分为"输出工程量"和"属性工程量"两种，如图11-14所示。"输出工程量"是构件计算的关键，它的计算结果将直接体现在工程量数据报表和其他主要数据的应用操作当中，同时，为了与"属性工程量"进行

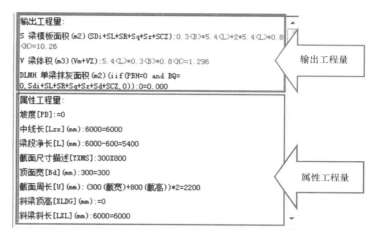

图11-14 "计算式"界面中工程量的分类

区分，其数据不为零的计算式的字体颜色还采用了红色表示。"属性工程量"为"输出工程量"的组成部分，因为其数据与实际工作中所使用的数据关联不大，除单独使用"查量"等操作外，一般不会单独表示出来。

图11-15 工程量计算内容的组成

其中，各项工程量计算内容由":"隔开，分为"计算名目"与"计算式"两部分，如图11-15所示。

只有在单击图11-15中"计算式"中的任意一处位置时，"工程量核对"对话框右侧的"效果缩略图"才会显现对应的效果。

单击"输出工程量"第1项工程量内容"S 梁模板面积（m^2）（SDi+SL+SR+Sq+Sz+SCZ）"右侧的计算式"0.3<B>＊5.4<L>+2＊5.4<L>＊0.8<H>＝10.26"中任意一处位置，如图11-16所示。则在右侧"缩略图区域"中出现该计算式对应的构件的缩略图效果，如图11-17所示。

图11-16 单击计算式中任意一处位置

按照同样的方法，单击第4行内容"V 梁体积（m^3）（Vm+VZ）"中"计算式"位置，并对缩略图上方"相关构件"左侧的"□"进行勾选，则对梁体积会有影响的相关构件也会一并显示出来，如图11-18所示。

在下方的"计算项目及扣减规则"界面显示对应计算项目扣减规则，提供给用户清楚的扣减信息，绝大多数情况都不宜调整，如图11-19所示。

此外，还可单击下方的 显示扣减工程计算规则 按钮，显示扣减规则对应的文字内容，如图11-20所示。

图 11-17 对应的缩略图效果

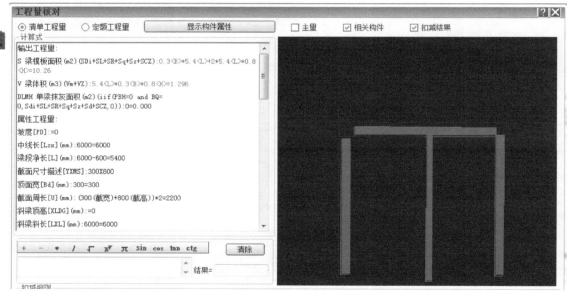

图 11-18 勾选"相关构件"的缩略图效果

	计算项目	平面位置	规则
1	体积		扣砼外墙，扣梁，扣后浇带，扣砼内墙，扣砼独基，扣条基，扣花板，扣砼坑基，扣阳台，扣楼梯，扣节点高强砼，连梁合并到墙，扣空心板
2	模板面积		扣阳台，扣楼梯
3	超高模板面积		
4	体积	中间梁	

图 11-19 "计算项目及扣减规则"界面

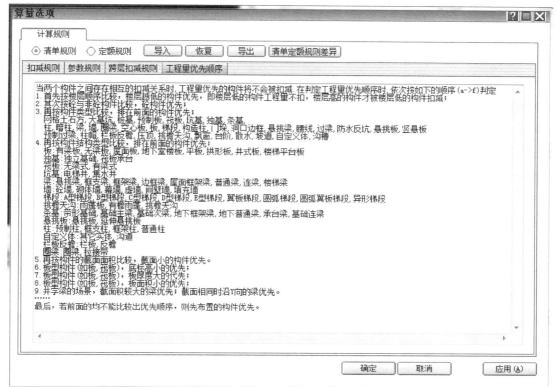

图 11-20　扣减规则对应的文字内容

使用"查量"功能，还可一次性选择多个构件，其结果显示为被选中多个构件的"输出工程量"汇总结果，但"属性工程量"则只会显示为空白，如图 11-21 所示。

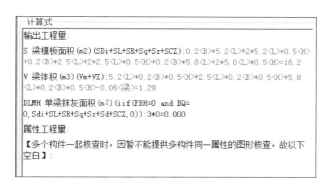

图 11-21　选中多个构件的"计算式"界面

温馨提示:

　　并非单击所有的计算项目中的计算式都会显示对应的缩略图，读者可自行进行尝试。

11.2.2　查筋

使用"查量"功能，无法查看钢筋构件的计算量。软件提供"查筋"功能用以查看钢筋的工程量计算详细数据。

操作 1. 单击快捷菜单栏中的"查筋"，激活该功能，如图 11-22 所示。

图 11-22　单击"查筋"功能

操作 2. 软件会在命令栏中出现提示"选择核查钢筋的构件或板（筏板）筋 <退出>:"（见图 11-23），并同时弹出"核对单筋"对话框，如图 11-24 所示。

选择核查钢筋的构件或板 (筏板) 筋 <退出>:

图 11-23　单击"查筋"命令栏中出现的提示

图 11-24　弹出的"核对单筋"对话框

操作 3. 根据图 11-23 中的文字提示，选中需要查看的构件或板（筏板）筋，则"核对单筋"对话框就会显示对应的钢筋计算数据，如图 11-25 所示。

图 11-25　检查"板负筋"工程量

由于同一板块内的板（筏板）钢筋形式变化较多，同时，板筋的工程量也相对较大，因此，软件针对板筋使用"查筋"时，只能选中同一板块内其中一种受力筋、负筋或分布筋进行查量，而其他布置完钢筋的混凝土构件则没有此限制，单击需要查看钢筋的混凝土构件即可显示该构件中的所有钢筋。

因此，使用"查筋"查看板筋的工程量，务必保证在构件显示窗口中勾选"板筋"的所有类型（见图 11-26），在绘图区域中能显示出对应的板筋构件，方便进行对应"查筋"单击选中。

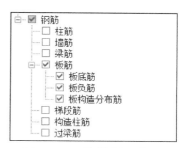

图 11-26　构件显示中勾选"板筋"

11.3　计算汇总

利用软件"计算汇总"功能，可对绘图区域中的构件模型，依据工程量计算规则进行工程量分析计算，并依照清单计价规范要求，进行分类汇总，方便用户及时查看所需内容的汇总结果。

操作 1. 单击快捷菜单栏中的"计算汇总"，激活该功能，如图 11-27 所示。

图 11-27　单击"计算汇总"

操作 2. 软件弹出"工程量分析"对话框，如图 11-28 所示。

图 11-28　弹出的"工程量分析"对话框

操作 3. 在"分组""楼层"和"构件"三个选项卡下方中单击对应的 全选 按钮，并单击对话框下方 确定(0) 按钮，如图 11-29 所示。

操作 4. 软件出现"进度显示"对话框，提示进度进展状况，如图 11-30 所示。

图 11-29　勾选全选单击"确定"

操作 5. 软件计算汇总完毕，"进度显示"对话框消失，弹出"工程量分析统计"对话框，如图 11-31 所示。

在弹出的"工程量分析统计"对话框中，便可以查看对应构件的工程量。此外，还可单击界面上方的 ✅工程量筛选，在弹出的对话框中对构件工程量还可按楼层、构件类型，甚至可按构件编号进行深度筛选，如图 11-32 所示，最终得到满足用户要求的工程量数据显示结果。

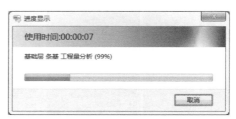

图 11-30　"进度显示"提示对话框

图 11-31　弹出"工程量分析统计"对话框

图 11-32 "工程量筛选"深度筛选对话框

此外，在"工程量分析统计"对话框界面上方，还设置了导出到 Excel 表格的功能（见图 11-33），方便用户将数据导出到 Excel 数据格式文件中。

图 11-33 "工程量分析统计"对话框的上方的按钮

软件计算汇总构件工程量是一个比较耗时的过程。对于一些超大型工程，若不区分条件，计算汇总全部楼层中的所有构件，所消耗的时间往往会达到数小时之久，但在实际工作中，用户却经常需要查看某个构件在其中某一层的汇总工程量。为解决这样的问题，软件设置"工程量分析"对话框时，额外设置了"室内外""楼层""构件"三个分组筛选条件，用户可根据查看的内容进行对应的筛选，减少了软件的计算时长，从而及时获取所需的汇总工程量。

此外，还可单击"工程量分析"对话框当中的 选取图形 ，单击需要检查的构件，则进行分析统计后，数据结果就只显示选中的图形构件。

11.4 构件反查定位

软件还提供了数据反查功能，实现数据反查定位构件。本节以独立基础 J-1 为例，介绍如何反查定位构件。

操作 1. 在完成了"计算汇总"操作后，如果关闭了"工程量分析统计"对话框（见图 11-31），可单击快捷菜单栏中的 预览 （见图 11-34），重新弹出"工程量分析统计"对话框。

操作 2. 单击"工程量分析统计"对话框中第 8 行"独基体积"中任意一个位置，再在下方数据显示中单击"展开"按钮，如图 11-35 所示。

操作 3. 在展开的独立基础 J-1 数据显示内容中，双击其中一个 J-1 独立基础当中任意一个单元格位置（见图 11-36），则软件快速定位至该独基构件的所在位置，并在绘图区域中

图 11-34　单击"预览"按钮

图 11-35　展开数据显示内容

弹出"工程量分析统计"浮框，如图 11-37 所示。

	序号	构件名称	楼层	工程量	构件编号	位置信息	
□			基础层	162.33			
	□		基础层	15.15	J-1		
	1	独基	基础层	5.05	J-1	1:B	0.35⟨G⟩*3.5⟨B⟩*3.5⟨H⟩+0.3⟨G⟩*1.5⟨B⟩*1.7⟨H⟩
	2	独基	基础层	5.05	J-1	1:F	0.35⟨G⟩*3.5⟨B⟩*3.5⟨H⟩+0.3⟨G⟩*1.5⟨B⟩*1.7⟨H⟩
	3	独基	基础层	5.05	J-1	8:G	0.35⟨G⟩*3.5⟨B⟩*3.5⟨H⟩+0.3⟨G⟩*1.5⟨B⟩*1.7⟨H⟩
	+		基础层	26.28	J-2		
	+		基础层	6.5	J-3		
	+		基础层	14.54	J-4		

图 11-36　双击其中一个 J-1 独立基础

这样，就可实现在数据显示内容中，反查定位对应的构件。在此状态下，无须关闭"工程量分析统计"浮框，可正常使用"属性查询""查量""查筋"等操作，核查构件的工程量数据等信息。单击"工程量分析统计"浮框中的 返回 按钮，则返回到图 11-35 所示的状态。

图 11-37　"工程量分析统计"浮框

11.5　报表输出

实际工作中，软件计算得到的工程量数据，常常会要求以报表的形式进行提交。软件提供了相应的报表功能，用以实现报表的制作、设计、打印或按报表形式导出 Excel 格式的文件来满足这些实际工作的需要。

在完成"计算汇总"操作后，单击快捷菜单栏中的 查看报表 按钮（见图 11-38），即可弹出"报表打印"对话框（见图 11-39）。

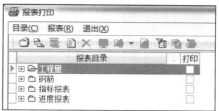

图 11-38 单击"查看报表"按钮

图 11-39 "报表打印"对话框

软件提供了"工程量""钢筋""指标报表"和"进度报表"四大类报表，如图 11-40 ～图11-43所示。在每个大类报表中又根据工程量特点进行了详细的区分。

单击对应报表，便能显示该报表的预览效果。可根据实际工作的要求和使用者习惯来自行选择。

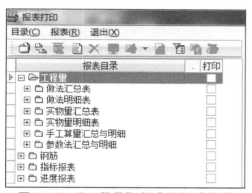

图 11-40 "工程量"报表的组成内容

图 11-41 "钢筋"报表的组成内容

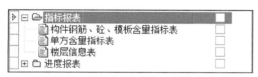

图 11-42 "指标报表"的组成内容

图 11-43 "进度报表"的组成内容

191

此外，在报表预览区域上方，还设置了一些按钮，比如可以实现添加公司 logo 和保存报表为 Excel 格式等功能。将鼠标移动至对应按钮位置，停顿几秒不动，在鼠标下方便会显示该按钮对应的文字解释，如图 11-44 所示。

图 11-44 报表预览区域上方的按钮

报表中其他操作比较简单，且在实际工作中用到机会并不多，这里，就不再一一作介绍了。

计算汇总

第 12 章

导图识别算量

当工程具备 CAD 施工图时，可以将 CAD 施工图直接导入到软件中进行识别建模操作，从而提高使用软件建模的工作效率。

但并非所有的构件都可以通过识别的方式来完成建模。目前，软件能够识别的构件有轴网、基础、柱、梁、墙与门窗构件及柱、梁、板钢筋，其余构件仍然需要结合之前章节的方法来完成建模。

实际工作中，识别建模与手动建模是相互结合的，利用识别建模，快速建立对应的模型，再利用手动建模完成无法识别的构件的建模工作。

即便如此，能够进行识别建模的构件也会因为 CAD 施工图的规范程度和图纸的设计要求等原因导致识别率较低，或是无法识别的情况。因此，掌握手动建模的操作方法仍是软件建模的基础。

12.1 识别建模工作的流程

除轴网、基础、柱、梁、墙与门窗构件及柱、梁、墙、板钢筋外，其他构件仍主要采用手动建模的方法。能够使用识别建模的构件，其建模流程顺序与手动建模的流程相同。按照手动建模流程的构件创建顺序，优先使用识别建模，遇到无法使用或效率较低的识别建模情况时，再使用手动建模，逐一完成即可。

需要注意的是，识别对应楼层模型时，应先切换至目标楼层，再继续识别工作，不可在一个楼层中识别其他楼层的模型。

尽管能够识别的构件情况不一，但使用导图识别的方法处理各个构件的操作流程几乎完全相同，如图 12-1 所示，仅在识别图纸的操作时，会根据构件的特点和图纸设计情况，有不同的处理方式。

图 12-1　识别建模的操作流程

12.2 导入图纸

在导入图纸之前，应先完成"工程设置"中的各项内容。

CAD 的图纸导入到软件绘图区域中的方法主要有两种：一种是使用软件"导入图纸"命令导入；另一种是在 CAD 软件打开电子图纸的情况下，复制粘贴到斯维尔 BIM 三维算量软件中的绘图区域。

> **温馨提示：**
>
> 无论是使用哪一种方式导入图纸，务必确保 CAD 软件已安装了对应的字体，否则，导入的图纸会因为缺少对应的字体，而无法完整显示，导致无法进行后续处理。

12.2.1 使用"导入图纸"命令

操作 1. 单击功能菜单按钮栏中的 导入图纸 按钮（见图 12-2），弹出"选择插入的电子文档"对话框，如图 12-3 所示。

图 12-2　单击"导入图纸"按钮

图 12-3　"选择插入的电子文档"对话框

操作 2. 通过对话框中的"查找范围"下拉选项框，将对话框显示内容调整至图纸存放的文件夹，并在文件夹各图纸文件中双击需要导入的图纸，经过软件一段时间的核查处理（见图 12-4），图纸就被导入到绘图区域中了。

使用"导入图纸"命令导入的图纸，软件会将图纸判定为一个完整的图块，这样的情况是无法进行后续的识别操作的，还需进行"分解图纸"处理。

12.2.2 分解图纸

操作 1. 单击功能菜单按钮栏中的 导入图纸

图 12-4　软件导入图纸时的进度条

193

按钮右侧的展开 ▼ 按钮，在展开的选项中单击

🖌 **分解图纸**，激活该功能，如图 12-5 所示。

<u>操作 2.</u> 使用框选方式选中需要分解的图纸，右击。这样，软件就完成了图纸的分解操作，进而可以完成下一步的处理。

> **温馨提示：**
> "分解图纸"命令还可直接在命令栏位置输入"x"启用，其原理就是 CAD 软件分解图块命令。

12.2.3　CAD 软件打开复制粘贴导入

<u>操作 1.</u> 使用合适版本的 CAD 软件打开 CAD 格式的图纸。

<u>操作 2.</u> 使用框选方式选中需要导入的图纸，使用一次键盘组合键"Ctrl+C"复制快捷按钮进行复制。

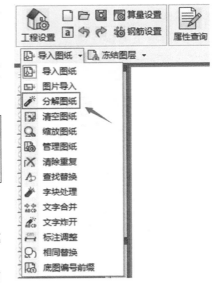

图 12-5　单击"分解图纸"按钮

<u>操作 3.</u> 切换至斯维尔 BIM 三维算量软件绘图区域中，使用一次键盘组合键"Ctrl+V"粘贴快捷按钮进行粘贴。这时，光标处出现待粘贴图纸的虚框图线。确定好需要放置的位置，单击鼠标左键，则该图纸出现在光标单击的位置。

在 CAD 界面中，复制粘贴图纸导入到绘图区域中的方式，无需使用"分解图纸"命令处理图纸，即可进入下一步的操作。

对于一些大型工程，会将所有的图纸只存放于一个 CAD 文件（实例工程的图纸存放形式就属于这种类型），直接使用"导入图纸"命令进行图纸的导入，软件处理的时间会很漫长，甚至会出现程序长时间无响应卡死的情况。在使用"导入图纸"命令时，还需寻找 CAD 图文件存放的文件夹，也是一个较为耗时的过程。此外，后续操作中必须使用"分解图纸"命令分解导入的图纸，对于一些大型工程的处理，这也将非常耗时。因此，使用"导入图纸"命令导入图纸，非常适合在一个 CAD 文件中，仅有一张图纸的情况。

基于上述原因，本书在导入实例工程的图纸时，使用的是在 CAD 界面复制粘贴图纸到斯维尔 BIM 三维算量软件中的操作方式。

斯维尔 BIM 三维算量软件除普通 CAD 格式的图纸外，还能识别的图纸格式为 t3 格式。实际工作中一些图纸可能会因为格式版本较高的问题，导致导入到软件中无法完整地显示，这时，就需要将 CAD 图转化为 t3 格式。该方法在网络上有大量对应的教程，本书的实例图纸已经转化为 t3 格式的图纸，方便进行学习。限于篇幅，此处不再赘述，感兴趣的读者可自行在网上搜索查找。

> **温馨提示：**
> 使用在 CAD 软件中打开，并复制粘贴图纸到斯维尔 BIM 三维算量软件的操作方式，有时，部分图线也会因此设计的原因，将某些图线合并成图块，导致无法进行后续的处理，这时，就需要启用"分解图纸"命令来分解这些图线，才可完成后续的操作。

12.3　对齐图纸

导入图纸后，需要将新导入的图纸进行移动，使新图纸的轴线或其他图线与指定的位置或参考的轴线、构件等进行对齐，从而识别完成新图纸的对应构件后，保证构件的平面位置不会发生错位。

操作 1. 在命令栏位置使用键盘手动输入"m"，再使用一次键盘空格键或单击屏幕菜单栏右侧的 ✛，激活"移动"命令，如图 12-6 所示。

操作 2. 使用框选方式选中需要移动进行对齐的图纸，右击完成确认。

操作 3. 命令栏中出现提示文字"指定基点"（见图 12-7），这时，确保"对象捕捉"状态开关，并且"交点"处于被激活的状态。

操作 4. 单击导入图纸的轴线与轴线的交点。这里，单击轴线①与轴线④的交点（见图 12-8），命令栏中出现提示文字"指定第二个点"，如图 12-9 所示。

图 12-6　单击"移动"按钮

图 12-7　命令栏要求"指定基点"

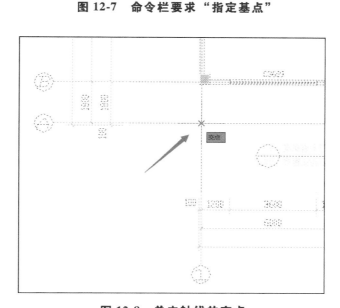

图 12-8　单击轴线的交点

指定基点或 [位移(D)] <位移>：　指定第二个点或 <使用第一个点作为位移>：

图 12-9　命令栏要求"指定第二个点"

操作 5. 在命令栏位置使用键盘手动输入"0，0"（输入时，不要输入""，直接输入

0，0），接着，使用一次键盘回车键，这样，图纸就被移动到对应的坐标位置，从而完成图纸的移动对齐操作。

此外，如果在绘图区域中已有布置完毕的轴网或其他构件时，还可利用"移动"命令，在进行上述操作 5 指定的第二个点时，单击已布置完毕的轴网中同名的轴线交点位置，比如上述操作 4 第一个点单击选中导入图纸的轴线①与轴线④的交点，则第二个点也需要单击选中已在绘图区域中布置完毕的轴网轴线①与轴线④的交点即可。这样，图纸就完成移动对齐操作。

移动到指定坐标的方法和移动到已布置构件位置的方法，都有各自的优缺点。在软件绘图区域中会有一个圆圈加十字的图线标示，十字的交点为绘图区域坐标的"0，0"位置，如图 12-10 所示。本实例工程为统一起见，使用移动到指定坐标"0，0"的方法作为对齐图纸的操作方法。

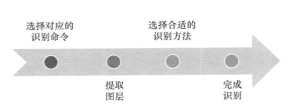

图 12-10　绘图区域中坐标"0，0"点的标示

12.4　识别图纸

尽管构件的种类和属性差别较大，设计图的形式也不一，但识别图纸的操作流程主要按如图 12-11 所示的流程进行。

本书将在后面的章节结合实例图纸和对应的构件，详细说明这些构件的识别操作方法。

图 12-11　识别图纸的操作流程

12.5　清空图纸

导入的图纸不再需要时，就需要进行删除，以免其他图纸导入后造成图线的重叠和干扰。

12.5.1　使用"清空图纸"命令

在斯维尔 BIM 三维算量软件中，提供了"清空图纸"命令完成这项操作。

操作 1. 单击功能菜单按钮栏中的 导入图纸 按钮右侧的展开 按钮，在展开的选项中单击 清空图纸 ，激活该功能，如图 12-12 所示。

操作 2. 软件弹出"清空底图"对话框，根据所处楼层，在"楼层"列表中进行对应勾选，再单击下方 清理楼层 按钮，软件将快速清除勾所选楼层当中的图纸，如图 12-13 所示。

使用"清空图纸"命令非常适合多楼层同时清空图纸的操作。

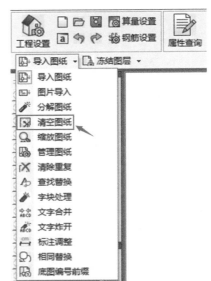

图 12-12　单击"清空图纸"按钮

12.5.2　选中删除图纸

此外，还可使用"选中删除"等方式，删除 CAD
图线。

操作 1. 单击快捷菜单栏中的 💡显示 按钮，弹出"当前楼层构件显示"对话框，如图 12-14 所示。单击下部的 全清 按钮，清除掉所有实体构件的勾选状态，并保证对话框上部"显示非系统实体"左侧的"□"始终处于被勾选的状态，单击下方 确定 按钮，则在绘图区域中只显示之前导入的图纸的图线。

图 12-13　"清空底图"对话框

图 12-14　全清实体构件

操作 2. 使用框选方式，选中导入图纸的图线，再使用一次键盘 Delete 键，则导入的图纸即被全部清除干净。

导入的图纸图线与在手动建模时介绍的辅助线相同，都属于非实体构件，在绘图区域中显示，必须勾选对应的选项。

在实际工作中，某些图纸的图线采用图层设置方式并不特别规范，导致使用"清空图纸"命令后，仍然保留这些图层的图线，这时，就需要单独选中，使用 Delete 键进行删除。

图纸的导入、
移动和清空

选中再按 Delete 键删除的方式，无法做到同时删除多个楼层的图纸，因此，在实际工作中应根据情况灵活使用上述两种方法来完成。

12.6　识别轴网

【导入图纸】：结构施工图图 3"基础平面布置图"

在识别轴网前，应确保已经完成"工程设置"中的各项内容。

将楼层切换至基础层，首先从基础层的轴网识别开始操作。

12.6.1 识别轴网操作

操作 1. 使用合适版本的 CAD 软件，打开结构施工图图 3 "基础平面布置图"，利用复制粘贴的方法导入到斯维尔 BIM 三维算量软件的绘图区域中。

操作 2. 使用 12.3 节中移动到指定坐标的方法，将导入图纸的轴线①与轴线④的交点移动到坐标 "0，0"位置。

操作 3. 单击屏幕菜单栏中的 ▶ CAD识别 按钮，在展开的选项中单击 ╫ 识别轴网 按钮，激活该功能，如图 12-15 所示。

操作 4. 单击绘图区域上方的功能菜单按钮栏中的 提取轴线 按钮（见图 12-16），激活该功能。根据文字提示，单击导入图纸中的轴线，则轴线图层即被隐藏，表示已被提取到软件中。

操作 5. 确认在绘图区域中不再有需要被提取的轴线图线，右击完成确认，这时，图纸中的其他图线被隐藏，只显示被提取轴线图层的图线。

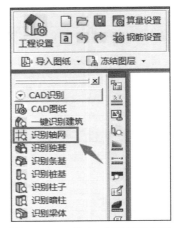

图 12-15　单击 "识别轴网"

图 12-16　单击 "提取轴线"

操作 6. 单击绘图区域上方的功能菜单按钮栏中的 提取轴号 按钮，激活该功能（见图 12-17）。这时，导入图纸的其他图线重新显示出来。根据文字提示，依次单击导入的图纸中轴号数字和轴号外部的 "○"，或采用框选方式一次性选中完整的轴号，则选中的图层即被隐藏，表示已被提取到软件中。

图 12-17　单击 "提取轴号"

进行提取轴号操作时，导入图纸的轴线有时会分为轴号数字和轴号标示线两个图层绘制，需要依次单击对应图层的图线，才可完整提取轴号图层。

操作 7. 确认在绘图区域中不再有需要被提取的轴号图线，右击完成确认。这时，在绘图区域只显示被提取图层的轴线和轴号，其余图层全被隐藏，如图 12-18 所示。

在实际工作中，轴线图层会被拆分为多个图层，图线单独进行绘制，有时，多个图线又会合用一个轴线图层进行绘制，提取时需注意轴线图线被提取时的变化，以免发生遗漏。

此外，若在提取图层时，不慎单击错误的图线，则可再次单击 提取轴线 或 提取轴号 按

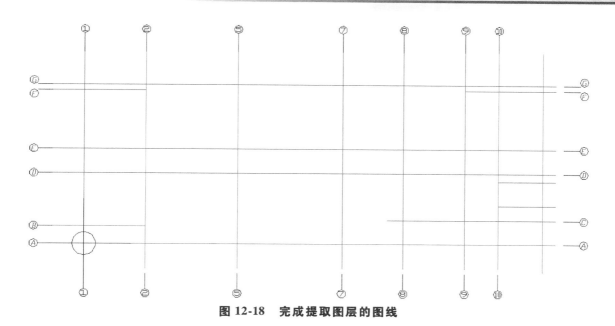

图 12-18 完成提取图层的图线

钮，重新进行单击或框选选取对应图层，完成后续的操作即可。

操作 8. 单击绘图区域上方的功能菜单按钮栏中的 自动识别 按钮（见图 12-19），则绘图区域轴线便被识别成软件对应的轴线。

需要注意的是，受限于图纸绘制的规范性，有时，提取图层完毕的轴线和轴号效果并不

图 12-19 单击"自动识别"

理想，可能会显示一些多余图线，这时，可单击命令栏中的 隐藏(B) 按钮（见图 12-20），激活该命令，单击需要隐藏的多余图线，再使用"自动识别"功能完成轴网的识别操作。

图 12-20 单击命令栏中的"隐藏"按钮

12.6.2 底图开关

完成轴网识别后，由于导入的图纸还需使用，暂不能清除，因此，形成了识别完毕的轴网和导入的图纸其他图线共存的效果，这样，非常不利于观察完成识别的轴网效果。

单击状态开关栏中"底图开关"按钮（见图 12-21），使之处于白色的关闭状态，这样，导入的图纸图线就会被隐藏掉，只保留识别完成的轴网效果。

图 12-21 单击"底图开关"

此外，还可单击快捷菜单栏中的 💡 显示 按钮，弹出"当前楼层构件显示"对话框。在对话框上部"显示非系统实体"左侧中的"□"，去掉勾选项，如图 12-22 所示，再单击下方 确定 按钮，这样，也可得到只有识别完成构件的效果。

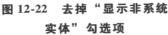

在导图识别建模的操作中，经常需要隐藏底图显示，最快捷的方式就是直接单击状态开关栏中的"底图开关"按钮。但有时，因为设计图在图层设置时并不十分规范，某些图线在关闭"底图开关"后仍然会显示，因此，还需要考虑在"当前楼层构件显示"窗口中，将"显示非系统实体"取消掉，才可实现预期的效果。

图 12-22　去掉"显示非系统实体"勾选项　　**识别轴网**

12.7　描图布置独立基础

软件提供了"识别独基"的功能（见图 12-23），可以识别平面图中的独立基础，但限制条件比较多，目前，只能识别单阶的独立基础，而且在细节调整上十分麻烦，甚至不如手动创建构件高效。因此，实例工程采用导图识别时，不宜进行识别独立基础的处理。

虽然不能进行识别独立基础的操作，但在识别轴网时，已导入了结构施工图图 3"基础平面布置图"，可以利用导入图纸中各个独立基础的位置，省略调整的定位尺寸布置的操作，布置时，将创建的独立基础构件与导入图纸中独立基础重合对齐，快速完成布置操作。

操作 1. 按照之前手动建模的方法，新建定义好各个独立基础，并在构件导航器属性栏中，按设计要求调整"顶标高（m）"，手动布置时，使用键盘"Tab"键，将定位点调整至独立基础的角部位置，如图 12-24 所示。

操作 2. 确保状态栏中，"对象捕捉"处于打开状态，其中，"端点"捕捉处于激活中。移动鼠标至导入图纸中该独立基础的角部端点位置（见图 12-25），单击，就可将布置的独立基础构件与导入图纸中该独立基础的图线重合。

图 12-23　"CAD 识别"展开功能中的"识别独基"

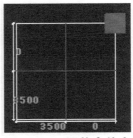

图 12-24　调整定位点至角部位置

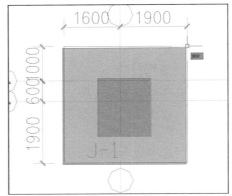

图 12-25　鼠标捕捉独立基础角部端点位置

利用构件边线与对应的图线重合的方法，又称为描图法，即便无法采用导图识别，也可快速完成独立基础的布置操作。

由于图纸绘制时的规范性和设计原因等问题，有时，并不能使用识别建模的方式。这时，可使用描图法，方便快速完成建模工作。在实际工作中，导图建模操作时，往往是识别与描图法相互结合的过程。

描图布置独立基础

12.8　识别柱子

【导入图纸】：结构施工图图 5 "基础层~首层柱平面布置图"

完成独立基础布置后，使用 12.5 节中清空图纸的方法，清除掉结构施工图图 3 "基础平面布置图"，并导入结构施工图图 5 "基础层~首层柱平面布置图"。

12.8.1　识别柱子操作

操作 1. 使用合适版本的 CAD 软件，打开结构施工图图 5 "基础层~首层柱平面布置图"，利用复制粘贴的方法导入到斯维尔 BIM 三维算量软件的绘图区域中。

操作 2. 使用 12.3 节中移动到指定坐标的方法，将导入图纸的轴线①与轴线④的交点移动到坐标 "0，0" 位置，这样，导入图纸轴线就与之前识别完毕的轴网对齐了，如图 12-26 所示。

操作 3. 单击屏幕菜单栏中的 ⊙ CAD识别 按钮，在展开的选项中单击 🔍 识别柱子 按钮，激活该功能，如图 12-27 所示。

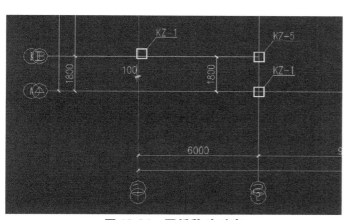

图 12-26　图纸移动对齐

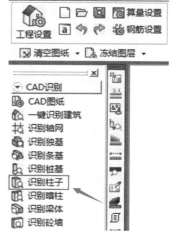

图 12-27　单击"识别柱子"

操作 4. 单击绘图区域上方的功能菜单按钮栏中的 提取边线 按钮，激活该功能（见图 12-28）。根据文字提示，单击导入的图纸中的柱边线，则柱边线图层即被隐藏，表示已被提取到软件中。

图 12-28　单击"提取边线"

操作 5. 确认在绘图区域中不再有需要被提取的柱边线图线，右击完成确认。这时，图纸中的其他图线被隐藏，只显示被提取的柱边线图层图线。

操作 6. 单击绘图区域上方的功能菜单按钮栏中的 **提取标注** 按钮（见图 12-29），激活该功能，这时，导入图纸的其他图线重新显示出来。根据文字提示"单击导入图纸中柱子标注线"，即柱编号和标注索引线，则选中的图层即被隐藏，表示已被提取到软件中。

图 12-29　单击"提取标注"

操作 7. 确认在绘图区域中不再有需要提取的柱子标注线，右击完成确认。这时，在绘图区域只显示被提取的柱子的边线和标注线，其余图层全被隐藏。

操作 8. 单击绘图区域上方的功能菜单按钮栏中的 **自动识别** 按钮（见图 12-30），则绘图区域柱子便会被识别成对应的柱构件。

202

图 12-30　单击柱子的"自动识别"

操作 9. 核查识别完毕的柱构件与导入的图纸是否一致。

采用"自动识别"识别无误的柱构件，其导入图纸的柱编号字体颜色变为灰色；而采用其他识别方式识别出的柱构件，以及当导入图纸的柱编号与该位置识别出的柱构件编号不一致时，则导入图纸的柱编号图线颜色则会保持原有颜色。两种颜色区分十分明显。利用这个特性，便可以快速找出这些错误所在。若发现错误，可单击命令栏提示出现的 撤销 (H) 按钮，回到之前的提取图层完毕的状态，再利用其他识别方法单独处理这些自动识别无法准确识别的柱构件，最后，使用"自动识别"完成剩余的柱子构件的识别即可。若无问题，则按键盘 Esc 键或再次右击，退出识别柱子状态。这样，柱构件的识别操作就完成了。

需要注意的是，识别完成的柱子底高会按默认属性"同层底"或"0"来设置，而基础层的底高度应设置为"同基础顶"。因此，还需利用之前的属性查询方法，统一修改基础层的所有柱构件的"底高度（mm）"为"同基础顶"，如图 12-31 所示。

属性名称	属性值
□ 物理属性	
构件编号 - BH	KZ-2;KZ-1;KZ-3;KZ-8;KZ-5;KZ-6;KZ-9;KZ-10;KZ-4;KZ-7;KZ-11;KZ-
属性类型 - SXLX	砼结构
结构类型 - JGLX	框架柱
砼强度等级 - C	C30
截面形状 - JMXZ	矩形
顶标高(m) - PBG	0
底标高(m) - DIBG	-1.2
顶高度(mm) - DGD	1200
底高度(mm) - HZDI	同基础顶
平面位置 - PMWZ	中柱
楼层位置 - LCWZ	底层

图 12-31　柱子底高度改为"同基础顶"

> **温馨提示：**
> 柱子是通过封闭区域来识别的，如果线条不封闭就无法识别，需调整 CAD 图，或用补画图线方式使之成为能够封闭的区域。

12.8.2　识别柱子的方式

识别柱子的方式除采用上述"自动识别"方式外，在实际工作中还经常需要用到其他方式进行识别。

单击绘图区域上方的功能菜单按钮栏中的 **自动识别** ▾ 中的 **▼** 按钮，展开"自动识别""点选识别""窗选识别"和"选线识别"四种识别方式，如图 12-32 所示。

图 12-32　柱子识别的方式

其中，"窗选识别"又称为"框选识别"。四种识别方式都有各自的优缺点和适用条件。其特点见表 12-1。

表 12-1　柱子的各识别方式特点

序号	识别方式	识别速度排名	适用范围排名	操 作 说 明
1	自动识别	第一	第四	软件绘图区域内柱子被识别完毕
2	窗选识别	第二	第三	鼠标框选范围内柱子被识别完毕
3	点选识别	第三	第二	单击柱边线内闭合区域完成识别。只能单个识别
4	选线识别	第四	第一	依次单击柱边线和对应的柱编号，再右击，即可完成识别。只能单个识别,准确率最高

各识别方式中，"自动识别"虽然识别速度最快，但非常依赖图纸绘制的规范程度。"选线识别"是准确率最高的识别方式，能适应其他识别方式无法识别的情况。因此，结合图纸情况，选用合适的识别方式，便可快速完成柱构件的识别操作。其他识别方式的操作可参见表 12-1 中的操作说明，由于比较简单，读者可自行尝试。

203

识别柱构件

12.9　识别基础梁

【导入图纸】：结构施工图图 5 "基础层~首层柱平面布置图"

识别完成后，使用 12.5 节中清空图纸的方法，清除掉结构施工图图 5 "基础层~首层柱平面布置图"，并导入结构施工图图 4 "地梁配筋图"。

并使用 12.3 节中移动到指定坐标的方法，将导入图纸的轴线①与轴线④的交点移动到坐标 "0，0" 位置，这样，导入图纸的轴线就与之前识别完毕的轴网对齐了。

操作 1. 单击屏幕菜单栏中的 **CAD识别** 按钮，在展开的选项中单击 **识别条基** 按钮，激活该功能，如图 12-33 所示。

操作 2. 单击绘图区域上方的功能菜单按钮栏中的 **提取边线** 按钮，激活该功能。根据文字提示，单击导入的图纸中的地下框架梁或地下普通梁的边线，则对应的边线图层即被隐藏，表示已被提取到软件中。

操作 3. 确认在绘图区域中不再有需要被提取的地下框架梁或地下普通梁边线图线后，右击完成确认，这时，图纸中

图 12-33　单击"识别条基"

的其他图线被隐藏，只显示被提取的图层图线。

操作 4. 单击绘图区域上方的功能菜单按钮栏中的 提取标注 按钮，激活该功能，这时，导入图纸的其他图线重新显示出来。根据文字提示，单击导入图纸中地梁的标注线，即地梁编号和尺寸标注，则选中的图层即被隐藏，表示已被提取到软件中。

操作 5. 确认在绘图区域中不再有需要提取的标注线，右击完成确认。这时，在绘图区域只显示被提取地梁的边线和标注线，其余图层全被隐藏。

操作 6. 单击绘图区域上方的功能菜单按钮栏中的 单选识别 按钮（见图 12-34），激活该功能。这时，在命令栏会出现文字提示"请选择编号和条基线"，并出现识别地梁时相关的命令按钮，如图 12-35 所示。

图 12-34　单击"单选识别"按钮

请选择编号和条基线:<退出>或 条基层(Y) 标注线(J) 自动识别(Z) 指定识别(X) 补画(I) 手动布置(Q) 编号(FR) 隐藏(B) 显示(S) 设置(ST) :

图 12-35　命令栏中的文字提示和相关命令按钮

在前面的章节学习手动建模时，已得知基础梁的顶标高为-0.800m，识别之前，还需修改识别设置项，否则，软件将按默认设置该层的层底标高（-1.200m），识别完成对应的构件。

此外，地梁是一个较特殊的构件，软件将其归为基础这一类型构件，进行识别时，仍会显示之前识别完毕的独立基础；而钢筋构造又不同于其他的条形基础，并且地梁的支座通常为柱体构件。因此，在识别之前，还需隐藏独立基础构件。

操作 7. 在处于识别基础梁激活状态时，单击命令栏中出现的相关按钮 设置(ST) （见图12-35）或在命令栏中手动输入"st"再按空格键，弹出"识别设置"对话框。将"识别设置"对话框中"条基标高（m）"一项手动修改为"-0.8"，将"自动生成有砖模"调整为"否"，其余保持默认即可，如图 12-36 和图 12-37 所示，单击下方 确 定(I) 按钮。

> 温馨提示：
> 由于软件的版本差异原因，在部分版本中，在使用识别构件时，命令栏可能不会出现 设置(ST) 按钮，这时，在命令栏中手动输入"st"再按空格键，也可以起到同样的效果。

操作 8. 在处于识别基础梁激活状态时，单击命令栏中出现的相关按钮 隐藏(B) （见图12-35）或在命令栏中手动输入"b"再按空格键，激活该功能，逐一单击或框选各独立基础构件，将所有独立基础构件全部隐藏。

需要注意的是，此处应谨慎操作，避免隐藏一些非独立基础的图线，造成重复操作。如需恢复，单击 显示(S) 按钮，则隐藏的构件或图线重新出现。

由于不可退出识别基础梁激活状态，因此，这时，隐藏独立基础构件只可采用上述操作。

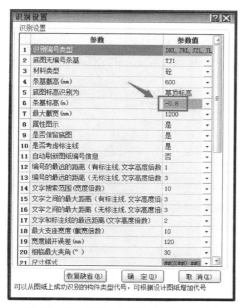

图 12-36　修改"条基标高（m）"

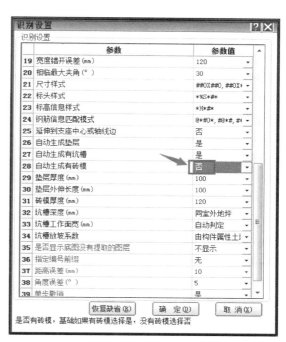

图 12-37　修改为不自动生成砖模

操作 9. 单击命令栏中出现的相关按钮 单选识别(D) ，再次处于"单选识别"激活状态，按照命令栏中的文字提示"请选择编号和条基线"，依次单击 DKL1 地下框架梁的编号和某一段平行的两条边线，选中后右击，这样，DKL1 就完成识别了。与手动建模相同，按照地梁编号的顺序完成识别即可。

需要注意的是，使用"单选识别"识别时，只需选中该地梁的某一段平行的两条边线，无须选中基础梁的全部边线，即可完成整段地梁的识别；此外，在识别地梁时，软件进行了无法选中提取图层后的配筋信息内容的设置，因此，这里可利用框选方式，快速选中编号和边线，提高识别效率。

除"单选识别"外，基础梁的识别方式还有"指定识别"和"自动识别"两种，如图 12-38 所示。"自动识别"虽然可快速完成识别操作，但识别出的构件往往错误较多，并且进行错误反查时，非常耗时，在实际工作中，很少会采用"自动识别"的识别方式识别条形基础及梁体构件。条形基础的识别操作与楼层梁几乎完全相同，本书将在后续楼层梁章节中详细说明"指定识别"的操作方法。

图 12-38　其他
识别方式

识别地梁

完成地梁构件的识别后，基础层的混凝土构件就被全部完成了，将楼层切换至首层，接着完成首层的构件。

12. 10　识别楼层梁

【导入图纸】：结构施工图图 9 "一层梁配筋图"

利用"拷贝楼层"或之前的识别的方法，完成首层的轴网和柱构件的布置。

导入结构施工图图 9 "一层梁配筋图"，使用 12.3 节中移动到指定坐标的方法，将导入图纸的轴线①与轴线④的交点移动到坐标"0，0"位置，这样，导入图纸的轴线就与之前的轴网对齐了。

楼层梁的识别方式与地梁相同，同样具有"单选识别""指定识别"和"自动识别"三种识别方式，其中，楼层梁的"自动识别"也不可作为常用识别操作。与地梁不同的是，识别楼层梁时，作为支座的柱体构件会同时显示，并没有其他多余的构件进行干扰，因此，在识别楼层梁时无须隐藏其他的构件。

12.10.1 单选识别

操作 1. 单击屏幕菜单栏中的 ⓘ CAD识别 按钮，在展开的选项中单击 🗊 识别梁体 按钮，激活该功能，如图 12-39 所示。

操作 2. 单击绘图区域上方的功能菜单按钮栏中的 提取边线 按钮，激活该功能。根据文字提示，单击导入图纸中的框架梁和普通梁的边线，则对应的边线图层即被隐藏，表示已被提取到软件中。

操作 3. 确认在绘图区域中不再有需要被提取的框架梁和普通梁边线图线后，右击完成确认，这时，图纸中的其他图线被隐藏，只显示被提取的图层图线。

操作 4. 单击绘图区域上方的功能菜单按钮栏中的 提取标注 按钮，激活该功能，这时，导入图纸的其他图线重新显示出来。根据文字提示，单击导入图纸中楼层梁的标注线，即楼层梁编号和尺寸标注，则选中的图层即被隐藏，表示已被提取到软件中。

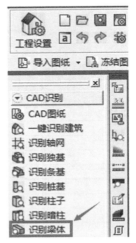

图 12-39　单击"识别梁体"

操作 5. 确认在绘图区域中不再有需要提取的标注线，右击完成确认。这时，在绘图区域只显示被提取楼层梁的边线和标注线，其余图层全被隐藏。

操作 6. 单击绘图区域上方的功能菜单按钮栏中的 🗊 单选识别 按钮（见图 12-40），激活该功能。这时，在命令栏会出现文字提示"请选择编号和梁线"，并出现识别楼层梁时相关的命令按钮，如图 12-41 所示。参照之前的地梁的识别操作，依次单选 KL1 的编号和两线，则 KL1 的梁体就被识别成对应的构件，按照梁体的编号顺序，逐一完成识别即可。

图 12-40　单击梁体"单选识别"按钮

请选择编号和梁线:<退出>或 梁层(Y) 标注线(J) 自动识别(Z) 指定识别(X) 补画(I) 手动布置(Q) 编号(FR) 隐藏(B) 显示(S) 设置(ST):

图 12-41　梁体识别时命令栏中的文字提示和相关命令按钮

识别楼层梁一般不需要更改默认识别设置项，针对部分需要调整标高的楼层梁，则可在识别完成后，利用"属性查询"命令选中构件，再进行对应的修改即可。

并非所有的楼层梁都适合使用"单选识别"完成，识别时，如果识别出的构件的跨数与该楼层梁的不同，则识别出的构件会以红色进行表示，如首层框架梁 KL7 就出现了识别错误的情况（见图 12-42），这时就需要使用梁体识别的第二种方式"指定识别"。

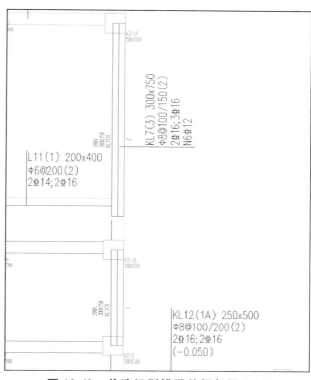

图 12-42　单选识别错误的框架梁 KL7

12.10.2　指定识别

由于操作的效率问题，楼层梁或条形基础识别时，优先使用"单选识别"，只有在"单选识别"发生错误时，才考虑使用"指定识别"。此时，已完成了图层提取工作，只需根据提示完成识别即可。

操作 1. 单击绘图区域上方的功能菜单按钮栏中的 单选识别 中的 ▼ 按钮，在展开的选项中单击"指定识别"（见图 12-43），或单击命令栏中出现的相关按钮 指定识别(X) （见图 12-44），激活该功能。

操作 2. 根据命令栏中的文字提示（见图 12-45），选中 KL7 的编号和该梁体所有梁体边线或始末两端位置的梁体边线，右击，即可完成识别操作。

有时，由于图线绘制的特殊情况，采用"指定识别"时只选中始末两端位置的梁体边线，无法成功识别，这时就需要选中该梁所有的梁体边线，再单击鼠标右键，才可完成该梁体的识别操作。

图 12-43　单击"指定识别"

请选择编号和梁线:<退出>或 [梁层 (Y) | 标注线 (J) | 自动识别 (Z) | 指定识别 (X) | 补画 (I) | 手动布置 (Q) | 编号 (FR) | 隐藏 (B) | 显示 (S) | 设置 (ST) | 撤销 (H)]:

图 12-44　单击命令栏中的"指定识别"按钮

请选择编号和该编号所有梁线<或只选首尾梁线>:

图 12-45　命令栏中的文字提示

掌握了上述识别操作的方法，按照手动建模的流程，完成各楼层主要混凝土构件的建模工作。对可以使用导图建模的构件，优先使用导图建模的方法来完成，当无法使用导图建模或导图建模效率不高的情况，则使用手动建模的方法来完成，这时，可按照 12.7 节描图布置独立基础的方式，充分利用导入图纸的定位好处，尽快完成建模工作。

识别梁体

12.11　识别门窗表

【导入图纸】：建筑施工图图 12 "综合楼门窗表　门窗大样"

软件无法识别板体，这是因为在实际工作中，板体需要通过受力筋来判别板块的分布大小范围，对于诸如实例工程中首层板的分布特点的图纸，可以采用手动建模中板体 "自动布置" 的方式来完成；而分布范围较大的板块，则可以利用 "板体合并" 的方式来实现。

使用 12.5 节中清空图纸的方法，清除掉建筑施工图图 9 "一层梁配筋图"，并使用手动建模时板体布置的方法，完成板体的布置。再根据手动建模的楼梯布置方法，完成楼梯构件的布置。接着，就可以处理砌体墙和门窗构件了。

导图建模时，墙体和门窗需要同步识别，否则，会导致门窗位置缺少墙体。

首先导入门窗表，通过识别门窗表的方式来新建门窗构件编号。若使用 CAD 界面复制粘贴导入图纸的方法，则只需在该图纸中复制门窗表格即可，不需要复制各门窗大样图。由于门窗表上没有需要识别的构件，无须进行图纸的对齐，为避免图线重叠，还应将门窗表移动到绘图区域中的空闲区域。

操作 1. 单击屏幕菜单栏中的 ⊙ CAD识别 按钮，在展开的选项中单击 识别门窗表 按钮，激活该功能，如图 12-46 所示。

操作 2. 根据命令栏的文字提示 "请选择表格线"，框选整个门窗表，右击完成提取，软件弹出 "识别门窗表" 对话框。

在 "识别门窗表" 对话框中，第一行为软件识别的标题栏，软件会将该列下方各信息按照标题栏的内容匹配到新建的构件属性内容中，其中，绿色对应的列为软件可识别转换的内容，而红色则为不可识别转换，如图 12-47 所示。

标题栏的内容，软件是根据门窗表中的信息自动匹配的，但有时也会无法匹配一些关键内容，需要一一检查，若出现匹配错误或没有匹配，还需手动修改。在图 12-47 中，红色标示的为各层的门窗数量，这里不需处理，直接忽略即可，但原门窗表中 "立樘高度" 被软件匹配为 "截高"，匹配内容不正确，需要进行更改。

图 12-46　单击 "识别门窗表"

图 12-47　"识别门窗表" 对话框的注意事项

操作 3. 单击图 12-47 中软件标题栏 "截高" 位置的下拉选项框按钮，在展开的选项中单击最上方的空白行，完成更改，如图 12-48 所示。

识别门窗表时，标题栏中能进行匹配的内容只有如图 12-48 中的八项内容，如果不属于这八项内容的，可单选第一行空白处，将其修改为空白内容。这样，软件就不会对该列进行对应匹配了。

操作 4. 确认门窗表中不再有需要调整的内容，单击两次
确 定⑩ 完成识别。

这样，在对应的导航器的构件列表中就会按照"识别门窗表"中的设置内容创建对应的构件，如图 12-49 所示。

需要注意的是，采用识别门窗表创建的门窗构件除图 12-48 中的八个选项内容外，无法对构件的其他属性进行修改，此外，对于门联窗、飘窗、老虎窗等构件，由于其尺寸数据较为繁琐，因此，使用"识别门窗表"，除构件编号与底标高可匹配外，其余属性内容仍然需要在"定义编号"对话框中进行对应的修改，如图 12-50 所示。

此外，在实际工作中，一些门窗表并未在表格中单列门窗的安装高度，需要查看立面图或剖面图，才可获取相应的信息，如果在"识别门窗表"对话框中不作处理，后续处理的工作量将不小。

在"识别门窗表"对话框中将鼠标移动至第一行"软件识别的标题栏"中已有对应文字的单元格位置，右击弹出选项框，单击
添加列 按钮（见图 12-51），则在"识别门窗表"对话框的表格的最右侧，新增一个空白列。再对新增的该列进行标题栏匹配，手动输入安装高度即可。

图 12-48　单击"底标高"

图 12-49　自动创建的"门"构件

209

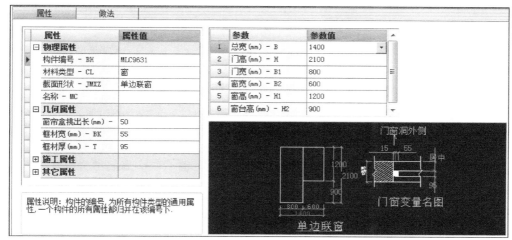

图 12-50　识别门窗表后的 MLC9631 构件属性

图 12-51　弹出的选项框

识别门窗表

12.12　识别砌体墙和门窗

【导入图纸】：建筑施工图图 3"综合楼一层平面图"

完成门联窗构件"定义编号"属性内容修改后，就可以使用 12.5 节中清空图纸的方法，清除掉之前的门窗表图纸。导入建筑施工图图 3"综合楼一层平面图"，并使用 12.3 节中移动到指定坐标的方法，将导入图纸的轴线①与轴线④的交点移动到坐标"0，0"位置，这样，导入图纸的轴线就与之前识别完毕的轴网对齐了。

12.12.1 合并文字

将导入的图纸对齐后，在防火门"乙 FHM1021"和"乙 FHM1524"几处位置，出现"乙"字和防火门编号错位的情况（见图 12-52），这是因为在图纸绘制时，并未将"乙"字和防火门编号放在同一文字块中，导致导入到斯维尔软件后，出现了位置错位的情况。软件在识别非相同文字块的文字时，会出现识别错误或无法识别的情况，因此，需要将这两个不同图块的文字合并在一起。

操作 1. 单击功能菜单按钮栏中的 导入图纸 按钮右侧的 ▼ 按钮，在展开的选项中单击 文字合并 ，激活该功能，如图 12-53 所示。

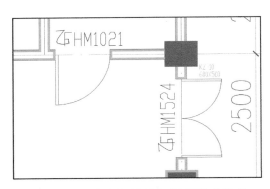

图 12-52　防火门编号与等级要求错位　　　图 12-53　单击"文字合并"按钮

操作 2. 软件弹出"合并文字"对话框（见图 12-54），在"关键字匹配"一栏中输入"乙"，再单击 搜索文字 按钮，软件在下方空白区域就会显示搜索结果和合并文字预览效果，如图 12-55 所示。

操作 3. 确认合并文字后的预览效果无误后，单击对话框下方 合并全部 按钮，这样，导入图纸的"乙"和对应的防火门编号将合并在同一个图块中，并用红色字体显示。

由于图纸绘制的情况不同，为了方便识别，经常需要将导入后的图纸做一些必要处理。"文字合并"就是其中一种常用的操作方法。

12.12.2 识别砌体墙和门窗操作

操作 1. 单击屏幕菜单栏中的 CAD识别 按钮，在展开的选项中单击 识别砌体墙 按钮，激活该功能，如图 12-56 所示。

操作 2. 单击绘图区域上方的功能菜单按钮栏中的 提取边线 按钮，激活该功能。根据文

图 12-54　"合并文字"对话框

图 12-55　搜索完毕的"合并文字"对话框

字提示，单击导入图纸中的墙边线及墙体填充边线，则选中的图层即被隐藏，表示已被提取到软件中。

由于绘制图纸并未额外绘制墙体编号，因此，这里不再需要进行"提取标注"操作。

操作 3. 确认在绘图区域中不再有需要被提取的图线后，右击完成确认，这时，图纸中的其他图线被隐藏，只显示被提取的图层图线。

操作 4. 单击绘图区域上方的功能菜单按钮栏中的 提取边线 按钮右侧的 ▼ 按钮，在展开的选项中单击 提取门窗线 ，激活该功能，如图 12-57 所示。根据文字提示，单击导入的图纸中的门窗线和文字，则选中的图层即被隐藏，表示已被提取到软件中。

图 12-56　单击"识别砌体墙"

由于图纸的门窗线和文字使用一个图层来进行绘制，因此，只需单击一次，即可将两个内容同时选中。如遇到门窗边线和文字标示是分图层进行绘制的，则使用该功能依次选中即可。

操作 5. 确认在绘图区域中不再有需要被提取的图线后，右击完成确认，这时，图纸中的其他图线被隐藏，只显示被提取的图层图线。

操作 6. 单击绘图区域上方的功能菜单按钮栏中的 自动识别 按钮右侧的 ▼ 按钮，在展开的选项中单击 全选识别 ，激活该功能，如

图 12-57　识别砌体墙中"提取边线"展开项

图 12-58 所示。框选首层需要识别区域，右击，
这样，砌体墙和门窗就一并被识别出来了。

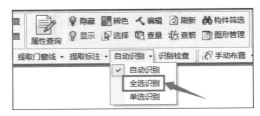

识别操作中，也可使用"自动识别"和
"单选识别"。由于图纸中有与 2 号教学楼连接
的变形缝，在图纸中，一并绘制了 2 号教学楼
的一部分墙体，因此，如果使用"自动识别"
完成，则还需删除该部分墙体。而"单选识别"
的精准度较高，但识别的效率较低，读者可自行尝试。

图 12-58　单击"全选识别"

识别砌体墙和门窗的效果和质量，受限于图纸的设计要求和规范程度，且无法识别飘
窗、老虎窗等窗户构件，对于缺少墙线的大尺寸窗户和门联窗的识别质量也往往较差。由于
在实例工程的首层中，采用了尺寸较大的窗户和门联窗，在这些构件出现的位置都可能会出
现识别错误或者无法识别的情况，甚至出现一些本不该存在的墙洞构件。因此，这些位置都
需要单独处理。可以通过"三维着色"观察后，再单独选中或批量选择，删
除这些错误构件，再使用手动建模的方法完成这些构件的布置，有时，这些
位置还需要重新布置墙体。此外，还需利用"属性查询"的方法修改各个门
窗的安装高度，从而满足工程的实际要求。

完成后，再使用"识别内外"功能，快速修改砌体墙和柱构件的"平面
位置"属性。

识别砌体墙
和门窗

温馨提示：
　　该方法在实例工程中未采用大面积尺寸门窗的第二层及其他楼层，识别的效果和质量
都较高。

12.13　钢筋识别——钢筋描述转换

【导入图纸】：结构施工图图 8 "柱配筋表"

在手动建模填写配筋信息时，需要将对应钢筋级别符号，按照软件的要求，替换成对应
的字母符号。而采用导图建模，由于省略了手动填写配筋信息这一项，因此，导入对应的钢
筋图纸后，首先就应对图纸中的钢筋描述进行转换。钢筋级别符号和软件中对应的字母代
号，可参考手动建模布置钢筋时介绍的常见的钢筋级别符号与软件中
的字母代号对照表。

将楼层切换至首层，本节以图纸"柱配筋表"为例说明钢筋描述
转换。

操作 1. 利用之前介绍的导入图纸方法，将结构施工图图 8 "柱配
筋表"导入到软件中的绘图区域。

由于该图纸没有轴网和平面图，无需进行图纸的对齐，为避免图
线重叠，还应将图纸移动到绘图区域中的空闲区域。

操作 2. 单击屏幕菜单栏中的 ⚪ 识别钢筋 按钮，在展开的选项中单
击 钢筋描述转换 按钮，激活该功能，如图 12-59 所示。

图 12-59　单击"钢
筋描述转换"

操作 3. 软件同时弹出"描述转换"对话框，根据命令栏中的文字提示"选择钢筋文字"，单击导入的柱筋表中 KZ1 位于"基础顶-3.900"标高范围内的角筋的配筋"4Φ20"标示位置（见图 12-60），软件将该配筋提取到"描述转换"对话框，并根据内置的数据匹配对应的钢筋级别（见图 12-61）。

可以发现，在图 12-61 中，软件将"4Φ20"识别为"B（普通 II 级钢筋）"，这与实际情况并不相符。在 CAD 图绘制过程中，设计者输入钢筋级别符号时，经常会使用一些快捷输入命令来完成（见表 12-2）。软件能根据这些快捷输入命令自动匹配成软件内部的符号。但如果设计者并未采用这样的方式，软件就会出现如图 12-61 所示的匹配错误。

柱号	标 高/m	bxh(b_ixh_i)（圆柱直径D）	全部纵筋	角 筋
KZ-1	基础顶～3.900	500x500		4Φ20
	3.900～14.700	450x450		4Φ18

图 12-60　单击柱配筋表中角筋

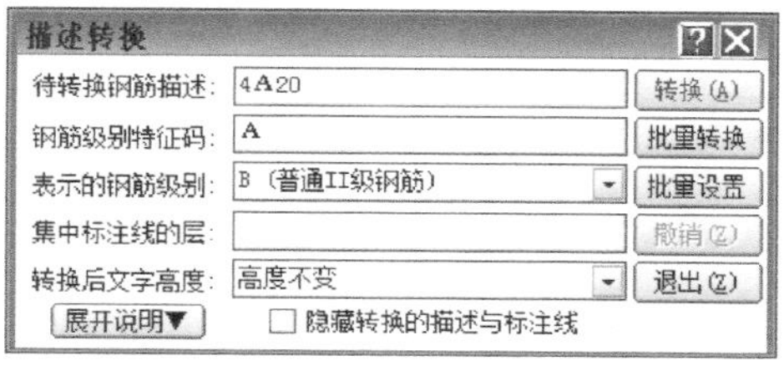

图 12-61　提取配筋信息到"描述转换"对话框中

表 12-2　钢筋级别符号与常用的 CAD 快捷输入命令

钢筋级别符号	CAD 快捷输入命令	钢筋级别符号	CAD 快捷输入命令
Φ	%%130	Φ	%%132
Φ	%%131	Φ	%%133

操作 4. 单击"描述转换"对话框中"表示的钢筋级别"的下拉选项框按钮，将它调整为"C（普通 III 级钢筋）"，单击 转换(A) 按钮，这样，导入的图纸中钢筋级别符号Φ便被转换成 C，并用粉色字体予以区分，如图 12-62 所示。

操作 5. 结合操作 3 和操作 4 的方法，完成剩余的钢筋级别符号转换。完成转换后，单击 退出(Z) 按钮，关闭对话框。

钢筋描述转换是进行钢筋识别的必要前提，识别钢筋前务必都要进行这个处理。

> **温馨提示：**
> 部分版本的软件需要单击 批量转换 图标按钮，才可完成钢筋的描述转换。

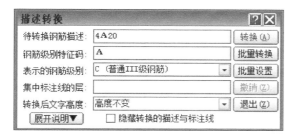

图 12-62　调整完毕的"描述转换"对话框

钢筋描述转换

12.14　钢筋识别——识别柱筋表

【参考图纸】：结构施工图图 8 "柱配筋表"

无需清除上一节导入的结构施工图图 8 "柱配筋表"，利用识别柱筋表的方法来完成柱体钢筋的布置。

操作 1. 单击屏幕菜单栏中的 ▶ 柱体 按钮，在展开的选项中单击 🏛 柱体 按钮，切换功能菜单按钮栏。

操作 2. 单击绘图区域上方的功能菜单按钮栏中的 ▦ 表格钢筋 按钮（见图 12-63），激活该功能，软件同时弹出"柱表钢筋"对话框。

图 12-63　单击"表格钢筋"

操作 3. 单击"柱表钢筋"对话框下方的 识别柱表 按钮（见图 12-64），软件弹出钢筋"描述转换"对话框，在上一节操作中已完成了"柱配筋表"的识别，无需再次处理，因此，使用一次键盘"Esc"键或单击 退出(Z)，关闭"描述转换"对话框，再根据命令栏中的文字提示"请选择表格线"，从右向左框选柱配筋表的左边表格，再单击鼠标右键。

214

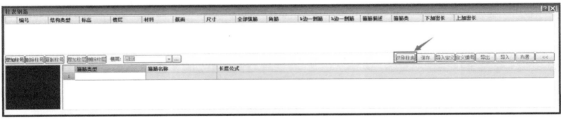

图 12-64　单击"识别柱表"

需要注意的是，如果未完成钢筋文字描述的转换，一定要先完成该项操作，否则，提取的柱配筋表将缺少钢筋级别符号，进而无法完成柱体钢筋的布置。此外，实例工程中的柱筋表格由左右两张表格组成（KZ-13 至 KZ-20 绘制右边的表格中），这里需要分两次框选提取。

操作 4. 软件经过一些时间处理，弹出"识别柱表"对话框（见图 12-65），可与原图纸中情况进行核对，确认无误后，即可单击对话框下方 确 定(I) 按钮，完成柱配筋表的提取操作。

有时，因为选线不当，导致提取效果不佳，可单击"识别柱表"对话框中的 选取表(T)，重新进行提取。

操作 5. 软件关闭"识别柱表"对话框，并重新弹出"柱表钢筋"对话框，同时，对话框内已经将柱配筋表的配筋信息进行了匹配，如图 12-66 所示。

由于在楼层设置时，并未额外处理"基础层"的相关内容，因此，软件会将图纸中标

	删除	*柱号	标高	b×h(圆柱直径)	全部纵筋	角筋	b边一侧筋	h边一侧筋	箍筋类型	箍筋	节点部分
1	四配行	柱号	标高	B×H(B1×H1)(圆柱直径D)	全部纵筋	角筋	b边一侧中部筋	H边一侧中部筋	箍筋类型号	箍 筋	节点箍筋
2	☐	KZ-1	基础顶-3.900	500×500		4C20	2C16	2C16	1.(4×4)	A8@100/200	
3	☐		3.900-14.700	450×450		4C18	1C16	1C16	1.(3×3)	A8@100/200	
4	☐	KZ-2	基础顶-3.900	500×500	12C16				1.(4×4)	A8@100/200	
5	☐		3.900-7.500	450×450	8C16				1.(3×3)	A8@100/200	
6	☐		7.500-14.700	450×450	8C16				1.(3×3)	A8@100/200	
7	☐	KZ-3	基础顶-3.900	500×500	12C16				1.(4×4)	A8@100/200	
8	☐		3.900-14.700	450×450	8C16				1.(3×3)	A8@100/200	
9	☐		14.700-18.600	450×450		4C18	1C18	1C16	1.(3×3)	A8@100/200	
10	☐	KZ-4	基础顶-3.900	500×500		4C18	2C16	2C16	1.(4×4)	A8@100/200	
11	☐		3.900-18.600	450×450					1.(3×3)	A8@100/200	
12	☐	KZ-5	基础顶-3.900	500×500	12C16				1.(4×4)	A8@100/200	
13	☐		3.900-7.500	450×450	8C16				1.(3×3)	A8@100/200	
14	☐		7.500-11.100	450×450	8C16				1.(3×3)	A8@100/200	
15	☐		11.100-14.700	450×450	8C16				1.(3×3)	A8@100/200	
16	☐		基础顶-3.900	500×500	12C16				1.(4×4)	A8@100/200	

列转表头 设 置(K) 导入xls(Y) 导出xls(B)   选取表(T) 确定(D) 取消(C)

图 12-65 "识别柱表"对话框

编号		结构类型	标高	楼层	材料	截面	尺寸	全部纵筋	角筋	b边一侧筋	h边一侧筋	箍筋描述	箍筋类	下加密长	上加密长
1	KZ-1	框架柱	-1.2~3.900	基础层~首层		矩形	500×500		4C20	2C16	2C16	A8@100/200	1.(4×4)		
2		框架柱	3.900~14.700	第2层~第4层		矩形	450×450		4C18	1C16	1C16	A8@100/200	1.(3×3)		
3	KZ-2	框架柱	-1.2~3.900	基础层~首层		矩形	500×500	12C16				A8@100/200	1.(4×4)		
4		框架柱	3.900~7.500	第2层~第3层		矩形	450×450	8C16				A8@100/200	1.(3×3)		
5		框架柱	7.500~14.700	第3层~第4层		矩形	450×450	8C16				A8@100/200	1.(3×3)		
6	KZ-3	框架柱	-1.2~3.900	基础层~首层		矩形	500×500	12C16				A8@100/200	1.(4×4)		
7		框架柱	3.900~14.700	第2层~第4层		矩形	450×450	8C16				A8@100/200	1.(3×3)		

增加柱号 删除柱号 复制柱号 增加楼层 删除楼层 楼层：首层   识别柱表 保存 导入定义 编号 导出 导入 布置 <<

	箍筋类型	箍筋名称	长度公式

图 12-66 完成钢筋信息匹配的"柱表钢筋"对话框

高范围"基础顶~首层",在"柱表钢筋"对话框中,匹配为"-1.2~3.900"(其中,"-1.2"为基础层默认的层底标高),而实例工程中独立基础顶的标高为-2.000m。软件在后续钢筋布置时,会自动延伸至基础顶部位置,因此,此处无需进行修改。

操作 6. 单击"柱表钢筋"对话框下方的 识别柱表 按钮,参照操作 3 至操作 5 的方法,完成右边 KZ-13 至 KZ-20 柱配筋表的表格提取工作,这样,柱配筋表就被完整地提取到"柱表钢筋"对话框中了。

"柱表钢筋"对话框下方的柱箍筋类型为空白,还需要设置指定对应的类型。

操作 7. 单击第一行标高位于"-1.2~3.900"的 KZ-1,再单击对话框右下方"箍筋名称"对应的输入栏,再单击出现的 ⋯ 按钮,在展开的柱箍筋类型中双击柱箍筋列表中"矩形箍(4*4)",完成箍筋的匹配,如图 12-67~图 12-69 所示。

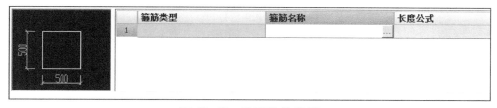

图 12-67 设置箍筋类型

"柱表钢筋"中箍筋类型有"4×4""4×3""3×3"以及"4×6"四种形式的箍筋,每种类型需要匹配一次。可单击其中一行，则对应的该形式箍筋都能够完成箍筋的匹配工作。有时，软件也能自动匹配箍筋类型，但仍需进行核查。

操作 8. 单击"柱表钢筋"对话框下方楼层中的 ... 按钮（见图 12-70），将弹出的窗口中"目标楼层"修改为全选状态。

操作 9. 单击"柱表钢筋"下方的 布置 按钮，软件经过一段时间处理后，就将钢筋布置在对应的柱构件当中了。

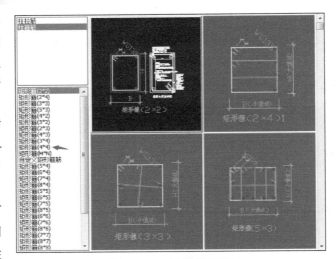

图 12-68　柱箍筋匹配

图 12-69　完成箍筋匹配效果

图 12-70　修改目标楼层

如果未完成箍筋类型的匹配，软件是无法进行钢筋布置工作的，命令栏中将出现"请设置好箍筋类型对应的箍筋！"提示，如图 12-71 所示。

此外，柱体的箍筋只能选择软件列表提供的类型，而没有的类型，如 KZ-7 当中的 4×6 型箍

KZ-1(3.900~14.700) 请设置好箍筋类型对应的箍筋！

图 12-71　命令栏中的文字提示

筋，会被软件自动匹配成 6×4 型，从而导致布置出的箍筋形式也不正确，如图 12-72 所示。软件对于没有的箍筋类型没法正确布置，仍需单独进行修改处理。

由于实例工程中的柱配筋表，是将所有楼层的柱体配筋信息一并表示，因此，在完成所有楼层柱体混凝土构件布置后，可将楼层改为全选状态，一次性完成所有楼层柱体钢筋的布置。

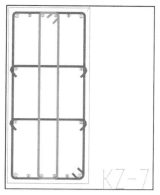

图 12-72 布置错误的箍筋

识别柱筋表

12.15 钢筋识别——识别梁筋

【导入图纸】：结构施工图图 9 "一层梁配筋图"

利用柱配筋表完成柱构件的钢筋布置后，就可以使用 12.5 节中清空图纸的方法，清除掉之前的图纸。导入结构施工图图 9 "一层梁配筋图"，并使用 12.3 节中移动到指定坐标的方法，将导入图纸的轴线①与轴线④的交点移动到坐标 "0，0" 位置，这样，导入图纸的轴线就与之前识别完毕的轴网对齐了。

操作 1. 单击屏幕菜单栏中的 ▶ 识别钢筋 按钮，在展开的选项中单击 识别梁筋 按钮，激活该功能，如图 12-73 所示。

操作 2. 软件同时弹出 "钢筋描述转换" 对话框（见图 12-74），以及 "梁筋布置" 对话框。由于尚未进行钢筋描述转换，在 "钢筋描述转换" 对话框单击 是 按钮，则提示窗口和对话框消失，进入 "描述转换" 设置对话框。这时，按 12.13 节中钢筋描述要求完成钢筋文字描述转换即可，此外，梁筋识别时，还需单击梁体的 "集中标注索引线"，提取到 "描述转换" 对话框，单击 转换(A) 按钮，如图 12-75 所示。完成所需转换的文字描述后，就可单击 退出(Z) 按钮，关闭对话框。

图 12-73 单击 "识别梁筋"

需要注意的是，软件可能因为版本的问题，在单击 "识别梁筋" 时不会自动弹出如图 12-74 的提示对话框，这时，应退出 "识别梁筋" 操作，待完成梁钢筋的描述转换才可进行。

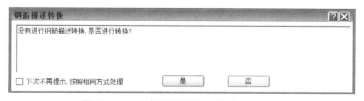

图 12-74 "钢筋描述转换" 对话框

根据图纸中的要求，其吊筋为 2Φ12（见图 12-76），因此，在识别之前还需修改对应设置。此外，主次梁之间的附加箍筋也需要修改设置。

217

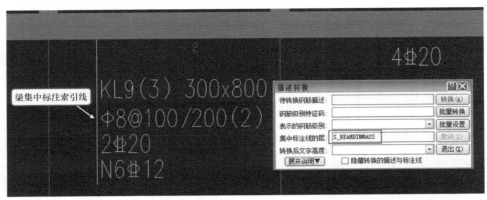

图 12-75　梁集中标注索引线和提取到"描述转换"对话框的效果

操作 3. 软件弹出"梁筋布置"对话框，单击对话框下方的 设置 按钮，在弹出的"钢筋选项"对话框选项中，将"识别设置"页面中"吊筋描述"手动修改为"2C12"（见图 12-77），将"自动布置井字梁节点加密箍"通过下拉选项框修改为"自动布置"（见图 12-78）。修改选项的默认内容，该项内容颜色会改变，与其他未改动的相区别。

```
一层梁配筋图
注1.梁上部负筋居中时表示负筋通长布置。
  2.挑梁上部未注负筋时表示支座负筋延伸拉通。
  3.未注梁附加吊筋均为2Φ12。
```

图 12-76　图纸中关于吊筋的设计要求

33	吊筋	
34	自动布置吊筋	手动布置
35	吊筋描述	2C12
36	加腋筋的悬挑跨度长度起始值	无腋筋
37	腰筋描述	2C14

图 12-77　修改吊筋的配筋信息

12	箍筋	
13	框架梁说明性箍筋描述	不设置
14	普通梁说明性箍筋描述	不设置
15	梁悬挑端说明性箍筋描述	不设置
16	梁悬挑端箍筋是否同集中标注	同集中标注
17	悬挑端节点处箍筋单侧个数	主次梁节点加密数/2
18	自动布置井字梁节点加密箍	自动布置
19	折梁处加密箍设置	14

图 12-78　修改节点加密箍

设置"自动布置井字梁节点加密箍"时，需要根据设计图的情况进行判断。如果主次梁位置存在附加箍筋，则需要调整为"自动布置"，如果没有，则保持默认即可。

操作 4. 根据命令栏中的文字提示单击选中需要布置钢筋的梁体，再右击，则软件将选中梁体的集中标注和原位标注提取到"梁筋布置"对话框当中，如单击框架梁 KL1，再右击，标注信息就会被提取到对话框中，如图 12-79 所示。

图 12-79　提取 KL1 钢筋的对话框效果

操作 5. 将对话框的标注信息与导入图纸的梁体配筋信息进行比对核查，这里，当单击原位标注的位置时，软件会将对应的跨用红色标出，提示当前的梁跨位置，此外，提取的集中标注和原位标注会处于被选中状态，方便用户核对是否出错。

操作 6. 确认无误后，单击对话框中的 布置 按钮，完成钢筋的布置。

识别梁筋，其实质就是提取梁体标注信息到"梁筋布置"对话框中，节省了手动输入的时间。此外，梁筋识别还有"自动识别"和"选梁和文字识别"两种，可通过单击"梁筋布置"对话框左下方对应的按钮，激活对应的功能，如图 12-80 所示。

与识别梁体相同，识别梁筋也不建议使用"自动识别"方式来进行处理。而"选梁和文字识别"需要将该梁所有的集中标注和原位标

图 12-80　梁筋识别的方法

注以及梁体全部单击选中，再右击才可完成，是一种准确度非常高的识别方法，但缺点在于识别速率较低，一般是在梁体标注特别密集，使用"选梁识别"无法准确识别的时候，才考虑使用。

识别梁筋的方法同样适用于地梁钢筋的处理，地梁钢筋的识别，读者可自行尝试，这里，就不再赘述了。

识别梁筋

219

12.16　钢筋识别——识别板筋

【导入图纸】：结构施工图图 10"一层板配筋图"

完成梁筋识别后，就可以使用 12.5 节中清空图纸的方法，清除掉之前导入的图纸。导入结构施工图图 10"一层板配筋图"，使用之前的钢筋描述转换的方法完成配筋文字转换，并使用 12.3 节中移动到指定坐标的方法，将导入图纸的轴线①与轴线④的交点移动到坐标"0，0"位置，这样，导入图纸的轴线就与之前识别完毕的轴网对齐了。

12.16.1　板底筋识别

操作 1. 单击屏幕菜单栏中的 识别钢筋 按钮，在展开的选项中单击 识别板筋 按钮，激活该功能，如图 12-81 所示。

操作 2. 软件同时弹出"布置板筋"对话框，如图 12-82 所示。

观察图 12-82 可以发现，识别板筋的对话框与手动布置板筋的对话框相同，只是在"板筋类型"中选择了"识别"。因此，也可以采用单击"钢筋布置"，激活该功能，再单击板体的方式来启用。

板底筋的识别可采用"框选识别""按板边界识别"以及"选线与文字识别"三种。其中，应优先采用"框选识别"。操作时，只需依次单击或框选该板块内垂直相交的两根板底筋线，再右击，软件即可根据板底筋线的钢筋标示和长度完成识别操作。而"选线与文字识别"适合于板筋配筋标注较集中，使用"框选识别"无法准确匹配对应配筋信息的情况，其操作方法较为简单，根据文字提示说明，不难完成，此处不再赘述。

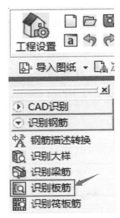

图 12-81 单击"识别板筋"

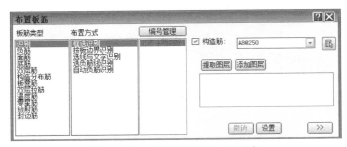

图 12-82 "布置板筋"对话框

识别板底筋需要按照板块逐块进行，工作量十分巨大。此外，由于实例工程中现浇板内的板底筋规格统一，均是在文字说明统一标示配筋要求（见图 12-83），而板底筋识别时，还需要利用板筋"编号管理"操作，修改未注明配筋信息的设置。因此，本实例工程使用

识别板底筋的方法来布置板底筋并非最优方式。采用"选板双向"手动布置板底筋的方式框选所有的板体，反而是本实例工程中完成板筋布置的最佳方式。

> 注：1.未注楼板负筋均为Φ8@200,未注楼板底筋均为:Φ8@150,未注明板厚100。

图 12-83 图纸中关于板内钢筋的要求

温馨提示：
    板面筋的识别，其操作方法与板底筋完全相同。

12.16.2 未注明板筋处理——编号管理

在实例工程中，大部分板筋都缺少标示，而采用文字统一说明的方式来描述。因此，识别板筋前需要单独对未注明板筋进行处理。

操作 1. 在"布置板筋"对话框中，单击 **编号管理** 按钮（见图 12-84），弹出"板筋编号"对话框。

操作 2. 在"板筋编号"对话框中，根据图纸要求，将"面筋""底筋"以及"构造分布筋"完成对应的修改（见图 12-85），单击下方 **确定** 按钮，即可完成未注明板筋的设置。

12.16.3 板负筋识别——选负筋线识别

操作 1. 在"布置板筋"对话框中，将"板筋类型"

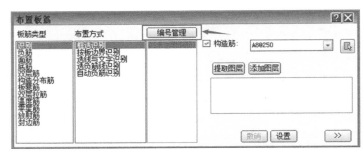

图 12-84 单击"编号管理"

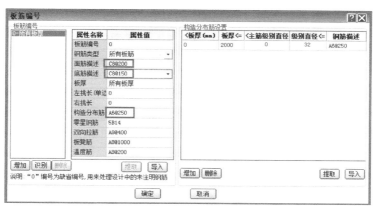

图 12-85　修改 "板筋编号" 内的对应信息

切换至 "识别"，"布置方式" 切换至 "选负筋线识别"，并将构造筋配筋信息修改为 "A6@250"，如图 12-86 所示。

> **温馨提示：**
>
> 注意，布置屋面板时，其板体的构造分布筋为 A6@200。

图 12-86　板负筋识别设置 (一)

操作 2. 根据文字提示，单击需要识别的负筋线，再右击，即可完成识别。

12.16.4　板负筋识别——自动负筋识别

由于实例工程中的板筋图线过多，因此，采用上述方法来识别工作量不小。这里，建议采用 "自动负筋识别" 来先行处理。

操作 1. 在 "布置板筋" 对话框中，将 "板筋类型" 切换至 "识别"，"布置方式" 切换至 "自动负筋识别"，并将构造筋配筋信息同样修改为 "A6@250"，如图 12-87 所示。

操作 2. 单击对话框下方的 设置 按钮，在弹出 "计算设置-板" 设置窗口，将 "单边标注支座负筋标注长度位置" 输入栏信息通过单击下拉选项框按钮修改为 "支座外边线"，其余保持默认，单击下方 确定 完成设置，如图 12-88 所示。

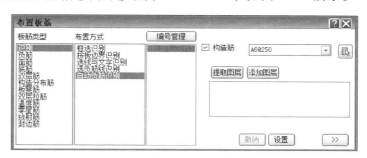

图 12-87　板负筋识别设置 (二)

操作 3. 根据命令栏中的文字提示 "请任意选择一条板筋线条确认板筋图层" (见图 12-89)，单击任意一条未被识别的板负筋线，再右击，软件即进入识别负筋线的处理过程，

221

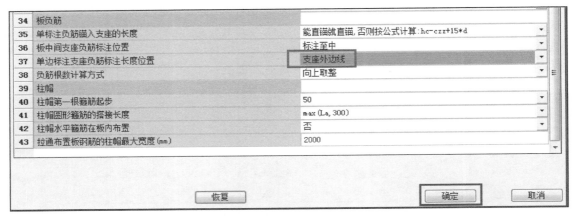

34	板负筋	
35	单标注负筋锚入支座的长度	能直锚就直锚，否则按公式计算：hc-czz+15*d
36	板中间支座负筋标注位置	标注至中
37	单边标注支座负筋标长度位置	支座外边线
38	负筋根数计算方式	向上取整
39	柱帽	
40	柱帽第一根箍筋起步	50
41	柱帽圆形箍筋的搭接长度	max(La,300)
42	柱帽水平箍筋在板内布置	否
43	拉通布置板钢筋的柱帽最大宽度(mm)	2000

恢复　　　　　　　　　　　　　　　　　确定　　　取消

图 12-88　修改负筋单边标注支座设置

耐心等待，负筋就被识别完毕了。

温馨提示：

　　为保证识别质量，应确保使用"自动识别负筋"前，该楼层没有布置其他的板负筋。

请任意选择一条板筋线条确认板筋图层＜退出＞：

图 12-89　自动负筋识别的文字提示

　　板负筋的自动识别质量较为一般，需要进行二次检查，部分负筋会出现识别不成功、识别错误以及可能重复等错误。

　　对于识别不成功的负筋不可再使用识别的方式来处理，否则，在已识别的负筋位置，会出现重复布置的错误情况，这时，应使用手动布置的方式来完成。一般情况下，在跨板负筋处容易出现识别错误，可以单独删除后，采用手动布置的方法来处理。

　　造成"可能重复"的错误提示，往往是因为软件识别时负筋的分布范围发生部分重叠，这时，应仔细观察，保留分布范围较大或删除重新采用手动布置。

温馨提示：

　　此外，还可以使用"选线与文字识别"来处理负筋的识别，其操作方法按照文字提示不难完成。

识别板筋

12.17　其他楼层对齐导入图纸的注意事项

　　完成基础层和首层的导图建模处理后，将楼层切换至其他层，并利用"拷贝楼层"操作，将已经识别完成的轴网拷贝至其他需要建模的楼层当中。

　　需要注意的是，实例工程中，并非所有的图纸平面图都绘制轴线①和轴线④，如屋面层对应的柱平面、梁配筋图等各个图纸的轴网左右进深的轴线并没有轴线④，而是从轴线Ⓓ开始排布绘制的，因此，这里，无法使用将轴线①和轴号④的交点移动至"0，0"坐标的方法，完成图纸的对齐。

屋面层和楼梯间屋面层导入图纸的注意事项

正确的操作方法，应该是利用"移动"命令，将导入的图纸轴线①和轴号②的交点作为移动对象的基点，移动至之前使用"拷贝楼层"复制过来的轴网对应的轴线①和轴号④的交点上，再按照本书介绍的方法进行导图建模或手动建模的对应操作即可。

12.18　导图建模结语

导图识别建模的实质，是将图线快速提取，并识别成对应的构件，放置在平面图中图线对应的位置上，因此，处理的结果只能是批量统一的属性，无法实现个性化的设置。这些批量生成的统一属性与工程的实际情况是否一致，取决于在"工程设置"中是否完成了对应的正确设置。

导图识别的目的是加快建模的速率。在实际工作中往往因为图纸的设计及适用条件的限制，造成某些构件识别建模的效率出现低于手动建模，又或是识别错误率较高，后续修改工作量太大等情况，这些都不宜直接使用导图建模的方式来完成。

在实际工作中，识图建模往往和手动建模相互结合，力求准确、高效地完成算量模型的建立，从而为后续工作奠定基本的数据基础。

构件显示快捷键

223